国土空间规划与城市设计探索

杜丽华 宁天阳 陈韶龄 ◎著

中国出版集团
中 译 出 版 社

图书在版编目(CIP) 数据

国土空间规划与城市设计探索 / 杜丽华，宁天阳，陈韶龄著 . -- 北京：中译出版社，2024. 2

ISBN 978-7-5001-7749-4

Ⅰ. ①国… Ⅱ. ①杜… ②宁… ③陈… Ⅲ. ①国土规划-研究②城市规划-研究 Ⅳ. ①TU98

中国国家版本馆 CIP 数据核字（2024）第 048588 号

国土空间规划与城市设计探索
GUOTU KONGJIAN GUIHUA YU CHENGSHI SHEJI TANSUO

著　　者：杜丽华　宁天阳　陈韶龄
策划编辑：于　宇
责任编辑：于　宇
文字编辑：田玉肖
营销编辑：马　萱　钟筱童
出版发行：中译出版社
地　　址：北京市西城区新街口外大街 28 号 102 号楼 4 层
电　　话：（010）68002494（编辑部）
邮　　编：100088
电子邮箱：book@ctph. com. cn
网　　址：http://www. ctph. com. cn

印　　刷：北京四海锦诚印刷技术有限公司
经　　销：新华书店
规　　格：787 mm × 1092 mm　1/16
印　　张：11. 25
字　　数：224 千字
版　　次：2024 年 2 月第 1 版
印　　次：2024 年 2 月第 1 次印刷

ISBN 978-7-5001-7749-4　　　定价：68. 00 元

前　言

国土空间是对国家主权管理地域内一切自然资源、社会经济资源所组成的物质实体空间的总称，是一个国家及其居民赖以生存、生活、生产的物质环境基础。对国土空间进行统筹规划，从而实现有效保护、高效利用、永续发展，既是满足人们对美好生活向往与高质量发展的目标，也是一个主权政府的重要责任与权力。国土空间规划是国家空间发展的指南、可持续发展的空间蓝图，是各类开发保护建设活动的基本依据。

城市的发展可以追溯到久远的过去。对于城市的含义及其对人类文明发展所起的作用，不同的人从不同的角度、不同的侧面有着不尽相同的认识和理解。人们创造了环境，同时，环境又影响了人。以城市生活的视角看，任何人都离不开实存的城市物质环境，也一定会从城市环境和物质形态的感知中获得体验，而与此相对应的主要城市建设专业领域之一就是城市设计。向国际学习，在本土行动！这里必须指出的是，城市设计不仅仅是寻找新的空间形式，城市设计本身必须综合社会各方面的诉求，把社会的整体需求、经济发展和尊重历史文化等问题放在一起综合考虑。对于城市设计也不能仅仅从学术角度思考，而是要始终应对当前的迫切任务。

本书是国土空间规划方向书籍，主要研究国土空间规划与城市设计，整体构架以国土空间规划为基础，针对国土空间规划的技术方法进行了分析研究，然后从城市规划与设计入手，对城市地下空间规划与设计、城市交通规划设计、城市绿地景观规划与设计做了一定的介绍。在本书的编写过程中，作者参阅了大量的著作、论文，查阅和引用了网络、期刊等相关资料，因涉及内容较多，无法一一列出，在此谨向这些作者致以衷心的感谢！此外，由于作者水平有限，书中的不当之处在所难免，恳请读者和专家批评指正。

作者

2023 年 1 月

目　录

第一章　国土空间规划的概念

国土空间规划：是空间总体规划，以空间治理和空间结构优化为主要内容，对一定区域国土空间利用在空间和时间上做出的总体安排，是实施国土空间用途管制和生态保护修复的重要依据，是各类专项规划、详细规划的基础和依据，是上级政府对下级政府空间使用的管理要求。

第一节　空间和外部性

一、空间和空间结构

（一）空间的基本含义

空间作为一种概念，其基本含义是随着人类文明的进步和认知的拓展而不断深化的。空间最开始更多地出现在哲学的范畴中，哲学意义上的空间被认为是没有任何具象物体的存在，即不需要任何物质的填充就能够存在，是一种纯粹的形式，脱离了表象化的特征，所以，空间是抽象的、绝对的。空间只是一个主观的表现形式，它所反映的是认知主体而非认识客体的本质，是某种形式的直觉。而随着人类社会的不断分工、工业和商业的出现，空间成为表征用途的一种方式，空间由此演化成了商业的空间、工业的空间、生态的空间以及社会的空间等。

空间作为一种抽象化的概念，是一种理解世界的工具和媒介。但空间更是一种实体性的存在，是一种由点、线、面不同形态的自然要素和人文要素在空间中的位置、分布形式和相互关系所构成的复杂结构。世界各国所选择的制度、人类生产生活所选择的场地，本质上都是根植于其所在的历史地理时空范畴。从这一角度看，空间的物质属性是空间的最本质属性。陆地和海洋、动物和植物、水文和地质、气候和地形、岩石和土壤、建筑物和构筑物，都体现了空间的物质属性。可是，在现代意义上仅仅理解空间的物质属性是不够的，因为人类的生产活动、经济活动、社会活动、文化活动已经极大地改变了空间的基本格局和属性。现代空间的基本内涵除了物质内涵以外，还被赋予了经济内涵、社会内涵、文化内涵乃至虚拟内涵，是一个多层次结构并存的复合体。

国土空间规划作为人类社会有远见的实践性活动，从根本上说是一种既要处理人与自然的关系，又要处理人与人之间关系的法则、制度和技术范式。毫无疑问，作为实践性活动的空间规划，其空间的内涵，不可能是泛化的、无限延伸的和虚空的。因为纯粹的社会空间或意识空间等，都不是一种原质或者实体，它们的空间过程是不能独立存在的。在国土空间规划的语境下，空间应该主要指代由土地、水、空气、生物等自然要素，以及建筑物、工程设施、经济和文化基础等人文要素构成的地域空间，包括过去、现在及未来各种人类活动的总和。换句话说，在规划语境下所理解的空间，首先必须深刻认识和充分把握空间的物质结构这个基本层次，深入研究空间的基本格局、物质性功能和可持续性规律，然后才是社会-经济空间、心理-文化空间以及意识-哲学空间。

（二）空间类型和结构

1\. 空间类型

（1）物质空间

物质空间指能触摸到的地理空间或物理空间，是一定地域范围内通过自然环境要素与人工（生产、生活）设施组织形成的实体，包括具有自然属性的地理场所和带有人文特征的建筑实体，供主体在其中进行各种生活、生产的物质实体及空间组织。

（2）社会空间

社会空间是人们在生存发展过程中所结成的政治、经济、文化、生活等日常和非日常交往关系的一种抽象。空间本身的形式与过程就是由整体社会结构——社会文化、经济社会、政治政策结构在特定区域，通过动态演进而共同构建的。从实践性角度看，规划语境下的广义社会空间包括以下三种主要类型：一是社会空间，即社会活动和社会组织所占据的空间，如邻里、社区等。二是经济空间，是构成社会结构经济关系和生产方式的存在形式，其空间结构决定于生产力和生产关系。三是文化空间，主要强调人类全部精神、思想活动及其产品。

（3）虚拟空间

虚拟空间又称“网络空间”即“cyberspace”，是依靠信息网络设施与通信设施为传输媒介，所构建起来的没有特定场所但依附于实体空间的信息化空间。它既是具有实体系统结构与信息传输体系的物质空间，也是一个建构的社会空间。在信息化、大数据和云计算的时代，认知虚拟空间的概念内涵，能够使空间规划以更高效和更开放的方式臻于精确。

2. 空间结构

区域的各种空间形态在一定地域范围内的组合及空间分异称为区域空间结构。狭义上的区域空间结构通常多指区域经济空间结构，是区域生产要素、经济发展水平、产业结构类型、经济控制力等在一定地域空间上的综合反映。广义上的空间结构包括了区域内的物质环境、功能活动、文化价值和生态等组成要素之间的关系。不同学科内对广义空间结构的理解也会有所差异，建筑学和城市规划学强调空间结构内的实体空间，经济学强调空间结构的产业构成和经济机制，地理学和社会学强调土地利用结构及人的行为、经济和社会活动在空间上的表现。

区域和国家的空间结构是历史长期演变而发展的结果，也是人类根据区域的自然要素、区位要素和社会经济要素等选择所对应的发展策略。

二、尺度、区位和布局

（一）空间尺度

尺度有时间尺度和空间尺度之分，但作为地理学度量空间的重要概念，是用来表征空间规模、层次及其相互关系的准则。在空间规划的范畴里，空间尺度通常指一个区域的时空范围，如国家尺度、流域尺度、省级尺度、县级尺度等，都是指一个特定的时空范围。国土空间规划通常把尺度表述为比例尺，大比例尺提供的信息更详细。在习惯上，比例尺大于1∶10万的地图称为大比例尺地图；比例尺介于1∶10万~1∶100万之间的地图，称为中比例尺地图；比例尺小于1∶100万的地图，称为小比例尺地图。在现代遥感科学技术中，尺度一般相应于分辨率。特别要注意的是，在地理学、生态学、水文水利学、区域环境分析等学科中，大尺度或粗尺度是指大空间范围或长时间幅度，它往往对应于小比例尺、低分辨率；而小尺度或细尺度一般指小空间范围或短时间幅度，往往对应于大比例尺、高分辨率。大量研究证实，空间规划研究对象格局与过程的发生、时空分布、相互耦合等特性都是尺度依存的，这些对象表现出来的特质是具有时间和空间抑或时空尺度特征的。因而，只有在特定的尺度序列上对其考察和研究，才能把握它们的内在规律。

在一般的社会科学或公共政策研究中，通常是一对一、一对多或多对多的分析，而一旦这种分析是涉及空间化的，它就必须明确地考虑尺度上的差异。因为个人、社会形态和文化群体之间可能存在的相互联系，没有预先确定的因果关系，无法从社会行为和文化价值观来预测个人行动，所以，无论是过去、现在还是将来，都不能从大型结构中读出小事件和过程的细节，这也导致了许多研究要把问题分化成不同的空间尺度和地域范围。如果把国土空间规划作为一项公共政策也是如此，它必须考虑不同尺度上特定形式和特殊问题的不同属性，考虑概念化后一个事件、一个过程、一种运动和互动关系在不同空间尺度上的作用差异，考虑如何将分析得出的结论在一个地理范围内的其他尺度或其他地理范围内的相同尺度内加以应用等，以实现地理区位、空间要素在不同空间尺度上的良好匹配。

国土空间规划常见的空间尺度有地块层面、地区层面、国家层面和全球层面，但这些不同尺度所代表的内涵及其特殊的作用是不同的。

（二）空间区位

区位是指人类行为活动的空间。具体而言，区位除了解释为地球上某一事物的空间几何位置，还强调自然界的各种地理要素和人类经济社会空间活动之间的相互联系和相互作用在空间位置上的反映。区位就是自然地理区位、经济地理区位和交通地理区位在空间地域上有机结合的具体表现。区位理论也称区位经济学，是关于人类活动空间及空间组织优化的理论，尤其突出表现在经济方面，重点研究人类经济行为的空间区位选择及空间区位内经济活动的优化组织。就具体理论而言，包括农业区位理论、工业区位理论、中心地理论和现代区位理论等。

（三）空间布局

如何进行空间布局是国土空间规划的核心内容。所谓空间布局，是指对有限空间资源的利用保护结构、利用保护方式和利用保护模式，在空间尺度上进行安排、设计、组合以及有效的配置，它是一种各个空间要素间的存在形式和存在格局。简单来说，空间布局就是指各类空间要素是如何组织的，它是区域自然、社会、经济、生态、环境、文化以及工程技术与建设空间组合的综合作用结果，在空间投影上主要通过用地组成的不同形态予以表达。规划中的空间布局，是指空间要素组合的再分布，是规划中的一种设想，是有待实现的规划结果。如果规划的空间布局不合理，即使投入再多也无法达到最佳的利用保护效果，甚至会出现负效应。合理的空间布局对区域经济社会发展、地区优势发挥、资源合理利用、竞争力提升、生态环境保护、高质量生产和高品质生活等都有重大影响。空间布局主要由空间本身的自然和人文条件、决策者的价值取向、当地的法律条例以及项目自身的特点所决定。

空间布局是一项为空间长远发展奠定基础的系统性工程。它必须在调查评价的基础上，按照遵循规律、统筹兼顾、整体协调、时空有序、优化组合、集约高效和美丽舒适的原则，去合理地组织空间的利用保护。从可持续发展的角度看，空间布局必须使区域所具有的环境功能得到保留，而对于环境的负面影响必须最小化。空间布局优化有两个基本准则：一是要根据比较利益准则，确定空间的最佳利用方向和利用方式，发挥其绝对优势和

相对优势；二是要最大限度地发挥空间组织的结构效益，即发挥各个空间要素之间的互补效应。

三、资源和自然资源

（一）资源分类

1. 自然资源

一般是指天然存在的自然物，不包括人类加工制造的原材料，如气候资源、土地资源、矿藏资源、水利资源、生物资源、海洋资源等，各种自然景观和天然旅游资源也属于自然资源范畴。

2. 经济资源

是指自然资源经过人类劳动的投入和改造，成为人类社会中对人具有使用价值的物质和条件，即社会财富。例如，各种固定资产就是典型的经济资源。

3. 社会资源

就国土空间规划而言，社会资源主要包括人力资源、组织资源和社会关系资源。人力资源是指能够推动整个经济和社会发展的劳动者能力，包括体力和智力。组织资源主要指具有明确目标导向、精心设计结构和有意识协调活动的社会实体能力。社会关系资源，主要指人与人之间一切有用和有价值的关系形态，包括个人与个人、个人与群体、个人与国家，以及群体与群体、群体与国家之间的关系形态，具体如血缘关系、地缘关系、业缘关系等。

4. 文化资源

主要指能够产生效益和促进发展的精神文化形态。如物质性的历史遗存、特色民居、民族服饰、民间工艺，非物质性的语言、文字、音乐、舞蹈、风俗、节庆等。文化资源的生命力要在一定的情景或者相当的环境资源条件支撑下才会产生价值。广义的社会资源也包括文化资源。

5. 信息资源

是以不同方式或指标反映各种客观存在事物的信息的总和，在知识经济环境下，信息是一种具有特殊存在形态且能够带来巨大收益的资源。

（二）自然资源的分类

1. 根据发展阶段对自然资源进行分类

①潜在资源。潜在资源是已知存在的，将来可能会用到。例如，石油可能存在于西部许多有沉积岩的地区，但在实际开采并投入使用之前，它仍然是一种潜在资源。②实际资源。实际资源是已调查过的资源，它们的数量和质量是确定的。

2. 根据可更新性对自然资源进行分类

①不可再生资源。是在很长的地质时期形成的，例如，矿物和化石。由于它们的形成速度极慢，一旦耗尽就无法补充。这类资源又可分为可重复利用资源和不可重复利用资源。如金属矿物可以通过回收利用从而再次使用，称为能重复利用的资源，但煤和石油不能再循环利用，是不能重复利用的资源。②可再生资源。如森林和渔业资源，可以相对迅速地得到补充或再生，但受到消耗时间和数量的影响，是有条件的可再生资源。而如阳光、空气和风等，被称为恒定性资源，因为它们是连续可得的，并且它们的数量不受人类消费的影响。许多可再生资源可以被人类利用，但也可以被补充，从而保持流动。

3. 根据分布对自然资源进行分类

①普遍性资源。即无处不在的资源，例如，空气、光线、水等资源随处可见。②地方性资源。只有在世界的某些地区才能找到的资源，例如，铜与铁矿石、地热能。

4. 根据形态对自然资源进行分类

按照自然资源存在的形态不同，可将它们分为土地、水、矿产、森林、牧草、物种、海洋、气候、旅游和自然信息 10 种资源。国土空间规划中的自然资源分类，通常按形态的不同进行。

5. 根据固有特征对自然资源进行分类

①耗竭性资源。又可分为可更新资源和不可更新资源，前者如土地资源、森林资源、牧场资源等，后者如石油、天然气等。②非耗竭性资源，如太阳能、风能、降水、潮汐能、原子能、大气、自然风光等。

中国自然资源分为全民所有（或者国家所有）和集体所有，各级政府在自然资源开发利用和管理中占据主导地位。中央政府主要对石油天然气、贵重稀有矿产资源、重点国有林区、大江大河大湖和跨境河流、生态功能重要的湿地草原、海域滩涂、珍稀野生动植物种和部分国家公园等直接行使所有权。

（三）辨识资源与环境

自然资源与自然环境是两个不同的概念范畴，可具体对象和范围又经常是同一客体。自然环境指人类周围所有的客观自然存在物，自然资源则是从人类需要的角度来认识和理解这些要素存在的价值，或者说自然资源是自然透过社会经济这个棱镜的反映。因此，有人把自然资源和自然环境比喻为一个硬币的两面。但是，资源是相对人的需要而言的，是可以被消耗的，有限性和稀缺性是其重要的本质特征。而环境的价值来源于其本身的存在，如适合人类居住的环境，或者适合某种作物种植的气候，质量和健康是其重要的本质特征。在国土空间规划中，资源是作为优化配置的对象，而环境是作为保护修复的对象，二者的功能定位有较大的区别。

四、外部性及其分类

（一）外部性的含义

外部性是普遍存在的空间现象，是现代国土空间规划中最基础的概念。植树造林会对改善和保护生态环境产生积极影响，而污水的任意排放会导致居民生活的不便和环境遭受破坏，这就是所谓的外部性。从经济学的角度看，外部性是指外溢的成本或利益，也就是在市场交换时，非有意造成的结果，或非有意造成的副作用。外部性可能是有利的也可能是有害的，如果有害也就是外部不经济或称负外部性，如污水排放；如果是有利的又称正外部性或外部经济性，如植树造林。外部性实质上是私人成本和社会成本、私人收益和社会收益之间发生的偏离。从资源配置的角度看，外部性是表示当一个行动的某些效益或费用，不在决策者的考虑范围内时所产生的一种低效率的现象，也就是负外部性，它将导致市场失灵。国土空间规划的正当性，就是源于市场失灵所造成的资源利用负外部性。

应注意的是：①只有非市场性的依赖才能称为外部性，如很多人排队购买某种物品，导致这种商品的价格上涨，通常不认为是外部性，因为这是市场竞争机制造成的结果。②外部性是非故意造成的影响，如果某甲抽烟，故意把烟吹向某乙，通常不称为外部性。然而如果烟自然地飘向某乙，影响了某乙的呼吸，就造成了外部性。③外部性通常指向非货币的价值而非价格，例如，保护或破坏湿地，通常所重视的是湿地的非货币价值。④外部性关注投入和产出的关系，例如，空气污染减少了农作物的产量，而减少空气污染需要更多的劳动力、资本和能源的投入。

（二）外部性的分类

一般将外部性分为：正外部性和负外部性，通常所注意的多半是负外部性，也就是一个人的行为造成另外一个人的不快或损害，却又一点责任都不承担的状况。外部性也可分为：可耗竭的外部性和不可耗竭的外部性。堆肥是可耗竭的外部性，因为如果一个人用了它，另外一些人就不能再用它。然而，堆肥的气味是不可耗竭的外部性，因为一个人闻到这种气味并不减少其他人所能闻到的这种气味。这种情况同样发生在湿地围垦上，甲围垦了某一块湿地，乙就不能再去围垦了。但是围垦所导致生态环境退化的后果，是所有人都要共同承受的，有时也称为公共外部性。比较系统的分类，可将外部性分成四种类型：

1. 生产对生产所产生的外部性

例如，一个工厂的扩张造成附近交通的拥挤，也会增加其他工厂的运输成本。

2. 生产对消费所产生的外部性

例如，一个工厂生产行为所造成的空气污染，会降低附近居民的舒适性。

3. 消费对消费所产生的外部性

例如，一栋与附近景观样式不协调的建筑物，会降低附近居民的舒适性。

4. 消费对生产所产生的外部性

例如，旅游汽车交通量的增加，会增加生产性交通的拥挤与运输成本。

土地利用，是具有高度外部性的过程，也就是某一块土地的利用活动对相邻或区域土地质量、利用方式选择、土地价值产生都会产生显著的影响。比如，一块城市绿地被批租为商业或其他用地，土地使用权的这种重新确认随之将导致城市生态环境的外部不经济性；一快市中心土地如果被批租为商业用地，就排斥了金融等对这一地块使用的可能；建筑物过高，阻挡了毗邻建筑的部分采光、通风、接受无线电信号；上游开发引起的水土流失和环境污染对下游的影响等，都是土地利用负外部性的典型例子。

第二节　时间和时代性

一、空间规划的时间性

（一）空间规划和时空间规划

“时间”与“空间”共同构成了人类存在的基本范畴，也构成了规划的“宿命”。规划是对未来的一种安排，所有的未来都是在时间序列上展开的，它是物质运动、变化持续性和顺序性的表现。在人类和社会进化的过程之中，感知时间的方式有其历史性，不同的

时代和不同的群体，都有其特殊的时间类型和感知时间的方式。但无论差异性如何，都正如爱因斯坦在相对论中指出的那样：不能把时间、空间、物质三者分开解释，时间与空间一起组成四维空间，构成宇宙的基本结构。现代物理学告诉人们，时间和空间都是一种真实的客观存在，它们比物质的存在还要真实和根本。日月运行、四季交替就是"时"，而事件化、结构化了的时刻就是"间"。"时"是"间"的承载者，而"间"则是对"时"的强化和记忆。"时"和"间"一起构成了一切有形和无形运动的连续状态和瞬时状态。

事实上，世界上所有物质与时空并存，只要物质存在、只要物质有运动，就不能忽视时间的作用。"时间"既关系到主体的历史，并左右着它的行为节奏、行为方式和行为速度，同时还关系着这一主体和它身处其中的群体历史连续性。起源于哈格斯特朗早期对瑞典人口迁移研究的时间地理学，就认为对个体而言，时间和空间都是一种资源，而且是同等重要的和不可分割的资源。空间规划如果只研究空间而忽视时间，不能在合理分配空间资源的同时合理分配时间资源，就如同在人类研究中只关注男人而忽视女人，将会导致人类的不可持续性。因此，空间规划必须融入时间元素，必须关注更多的时间尺度，从空间规划走向时空间规划。所谓时空间规划，就是将时间和空间置于一个整体框架下进行统一谋划。它关注时空间关联、时空间资源、活动-移动系统、时空间结构秩序、时空间行为模式，以及时空间路径、时空间活动密度和时空间可达性等问题。

（二）规划从静止到动态转向

传统意义上的空间与地点是高度统一的，社会生活的空间维度都是受"在场"的支配，即地域性活动支配的。因而，传统意义上的空间规划是一种静态的、确定的和蓝图式的规划。可现实中的空间是动态的、不确定的，空间中的资本、信息、物质、技术、人员、象征等要素都在流动，并在流动中得以存在和发展，在流动中激发社会活力。信息化、全球化进一步加速了流动的步伐甚至是流动形式，一些习惯性的壁垒被破坏了。流动在人员、资金、物品、技术、信息等更加复杂的多重时空关系网络中，通过不断演化与迁移得以体现。加速流动的信息时代的来临，使得各种流得以在乡村—城市—区域—国家—全球范围内自由、顺畅流动。空间规划的内容，究其实质是一个连续的、永不息止的运动整体。从时间维度看，空间活动的各个环节无法截然分开，与时间紧紧地胶着在一起。"智慧城市"（Smart City）的概念，通过对城市土地利用与公共服务设施空间配置和时间管理的优化，以及对城市居民日常行为模式的引导与调控，就能实现城市空间系统精细化、高效率和低碳化的智能运行。空间规划必须充分认识、理解和把握当代流动性空间的特质和规律，在空间规划中融入强烈的时间流意识，并且进入这种流动空间的"时间隧道"中去感受体会，才能寻找到当代规划更加合理的建构逻辑、制定方式和发展规律。在市场经济条件下，规划是一种多阶段的动态决策问题，它所包含的量和质量总是随着时间和空间的变化而不断变化的。因此，在不同的时间阶段，规划应当通过不断的信息反馈、修改再反馈的过程建立规划的动态系统和弹性结构。任何静止和僵化的规划思维，都是违背规划时空耦合性准则的。

二、空间规划的时代性

（一）时代性是一种规划内生结构

空间规划并不是一种通过生物遗传的复合体，而是一种动态存在，是在历史发展过程中形成、发展和选择的产物。任何规划模式都具有时空性，并随着时间和空间的不同而呈现不同的形态，事实上都具有某种历史的必然性。工业革命以前，欧洲的城市空间规划在市民的居住建筑和公共建筑之间形成了完全不同的尺度。

空间规划必须全面认识和深刻把握时代性特征。这首先是由空间规划的功能所决定的。规划是为解决问题而存在的，不同的发展阶段有不同的问题和矛盾，规划只有更好地响应和解决当时的社会矛盾，才能更好地维持空间秩序和促进社会发展。其次是由空间规划的历史文化时空性所决定的。中国各类空间规划的产生发展，也都是建立在基本国情、发展阶段和社会制度基础之上的，其模式演替深受经济体制、行政体制、生态文明体制改革进程的影响。比如，在高度集中的计划经济时代，空间规划是从学习苏联模式起步的，本质上是国民经济计划的延伸和落实；改革开放之后，空间规划从发展计划中独立出来，开始主要是适应经济建设的需要，之后逐步将协调发展和保护的矛盾作为规划的主要任务。最后是由空间规划的结构特征所决定的。从宏观上看，空间规划由自然禀赋、人文传统、政治制度和发展阶段四大板块结构决定的。四者之间相互制约、相互影响，其中任何一个要素的变化都会引起其他要素的变迁。在社会发生深刻转型的时期，经济成分多元化、利益主体多元化、文化观念多元化、社会需求多元化，空间规划必须对这些“时代文化”和“时代课题”进行响应，才能引领空间秩序的健康发展。还要指出的是，不同时代具有不同的价值标准，新的价值标准总是要向传统的价值系统发出挑战。空间规划不仅要与时俱进契合时局，还要超越时局，依照时代发展规律，挑战价值传统，实现历史性跨越并达到时代高度，使其具备前瞻性，这就是空间规划内生结构所决定的时代性。

（二）准确把握空间规划的时代性

1. 生态化

在“生存性需求”阶段，发展的核心议题是“生产性努力”，解决这一议题的基本路

径是“经济—温饱—发展”。可是在“发展性需求”阶段，社会需求的“内容多样性”和“内涵精神性”是其基本特征，“更好地存在”和“更好地活着”等非物质的和精神性的需求会上升为主导性需求，生态就是这种主导性需求的核心内容之一。无论是称生态纪或称生态文明时代，历史都表明中国社会进入了一个生态新纪元。因此，空间规划必须贯彻山水林田湖草生命共同体理念，加快推进生态保护修复，实施重要生态系统保护和修复重大工程，优化生态安全屏障体系，构建生态廊道和生物多样性保护网络，提升生态系统质量和稳定性。“生命共同体”思想的提出为推动形成人与自然和谐发展的现代化建设新格局，建设美丽中国和空间规划提供了重要思想遵循。“生命共同体”思想要求正确认识人类与自然之间的关系，科学探讨共同体的系统性与特殊性，在此基础上开展有利于生命共同体共存与发展的行动。

2. 数字化

互联网、大数据、人工智能和实体经济深度融合，在中高端消费、创新引领、绿色低碳、共享经济、现代供应链、人力资本服务等领域形成新增长点和新动能。传媒领域通过计算机存储、处理和传播的信息得到了最大速度的推广和传播，数字技术已经成为当代各类传媒的核心技术和普遍技术。最靠谱的社交数据、最丰富的上网数据、最广泛的 ID 融合数据、最实时的位置数据、最准确的跨屏数据，在地球不同的区域广泛出现。

数字化是指将信息转化为数字形式的过程。由于数字化的高效性，其在数据的处理、存储和传送过程中扮演着重要的角色，数字化社会也成为全球发展的方向。近年来，数字化伴随着互联网的发展成为后现代社会的一大标志，数字化与信息化产业的发展成为经济产业发展的新动力，数字化亦与全行业结合，成为传统行业升级的新路径。

3. 人本化

在工业化时代，生产的核心特征是标准化基础上的批量生产，也就是企业（或车间）在一定时期内，一次出产在质量、结构和制造方法上完全相同的产品（或零部件）。它基本上不考虑个性的差异和个人消费的偏好，是一种无差别的产品制造。当人类进入了后工业化时代，人们对个性化的需求日趋强烈，消费方式从简单划一的“标准化消费”将转向旨在让人性获得全面发展的“个性化消费”。不仅如此，整个社会的运行和发展将更加突出“以人为本”的精神，更加突出以人民为中心。空间规划的主体是人，空间规划为谁编制，服务的对象是谁，理所当然要以人为中心。人本主义（Anthropocentricism）成为空间规划重要的哲学思维方式之一，它强调空间资源对人类的有用性（Availability）、可达性（Accessibility）、稀缺性（Scarcity）和供给的可持续性（Sustainability）。充分考虑地域性、个性化，体验性、场景化，便利性、社区化，链接性、复合化等人性需要，将成为一种普遍和必然的组织方式。

总而言之，传统的空间规划，尤其是城市空间规划，主要是以满足城市建设为主体，以建筑工程的思维构建规划模式，已经完全不能适应新时代发展的需要。新的时代，空间规划必须适应生态化、数字化、品质化和人本化的需要，将多中心、网络化，链接性、圈层化，复合性、社区化，体验性、场景化，地域性、个性化纳入空间规划的内核框架，将数字驱动、创新驱动、网络驱动、品质驱动、生态驱动、流量驱动、社区驱动、用户驱动嵌入空间规划的治理之道，将绿色发展、高质量发展、协调发展、可持续发展内生为空间规划的思维结构，将尊重自然规律、人与自然和谐、建设生命共同体上升为空间规划的最高指导原则。简而言之，新时代的空间规划，将从工程营造走向生命共同体建设。如此看来，国家空间规划体制的改革和创新，是历史的选择，也是历史的必然。

第三节　可持续性和竞争力

一、一般意义上的可持续性

所谓可持续性，虽然是一个定义不明、充满争议的概念，但多数人认为其核心内涵是指称心如意的活动应该能够持续很长时期，或是无限期；否则存在资源耗尽的危险，或其他环境的不良影响，而这些影响对替代或恢复是困难的，或是不可能的。这一概念是建立在人类学视野之上的，主要强调人的需要，是从人的心满意足和强调事情的发展符合心意的角度进行定义的。既然如此，也可以从政治学角度、环境学角度、经济学角度和伦理学角度等定义可持续性。所谓可持续发展是指我们的发展不可以为了满足这一代人的需要，而妨碍未来的人去满足他们自身需要的能力。可持续发展不是固化的状态，而是一个变化过程。在这一过程中，资源利用、投资引导、技术开发方向和机构变化与未来协调一致，就跟当下的需求一样。这一定义的重点放在了满足当下与未来的需要，而不是“市场”的需要。这一定义经常被批评为不可救药的模糊，并认为是不能实际操作的。问题的症结在于大家对“发展”的意义有不同的看法，是指经济成长，还是指生活改善，或是指环境优美。

然而，可持续性或可持续发展，并不在于寻找一个精确的定义，而在于建立一种人类的基本价值，其核心是要寻求环境保护与经济增长之间的一种平衡，寻求世代之间与世代之中公平的发展权利，寻求人与自然在一个健康和多样性的环境下共存共生。中国人多地少的基本国情将长期存在，资源刚性约束的态势将长期存在，生态环境压力的负荷将长期

存在，必须走可持续发展的道路，才能沿着更高效、更和谐、更均衡、更有序和更互补的方向进化。

二、规划实践中的可持续性

可持续性是针对未来的，规划也是针对未来的。因此，可持续性一直是规划学中长时间的核心概念。可持续发展是支撑规划的核心原则。可持续发展的灵魂是这样一条简明的观念，确保每个人，现在和未来世代的人，拥有一种更好的生活质量。按照可持续性的价值取向，至少要确保今日所编制的规划，从长远来看是正当的和有益的。即使短期动机，如果要回应当下的需求或需要，在决策中也不能成为压倒性因素。在进行计算和决策时，要充分考虑环境的影响和生态的平衡。在规划实践中，决策的可持续性水平，至少要从以下四个方面加以判断：

（一）土地适宜性

土地在国土空间规划中具有基础性和广泛性的作用，是否按照土地的适宜性对土地资源进行规划利用，是国土空间是否具有可持续性的重要诊断标准。所谓土地适宜性（Land Suitability），是指土地在一定条件下，对指定用途或特定利用方式的适用性。即某种土地类型持续用于特定用途的适宜程度，用于反映特定利用方式下的土地质量。这种适宜性包括三层含义：①是否适宜，也就是能生产什么，适宜干什么。②适宜到何种程度，也就是高度适宜、中等适宜还是勉强适宜。③存在什么影响适宜性的限制因素，是因为水的限制、工程地质的限制，还是交通的限制等。土地适宜性可以分为现有条件下的适宜性和经过改良后的潜在适宜性两种。所有土地的适宜性都应该是建立在良性生态循环的基础之上的，即在土地的开发利用过程中，不应该造成资源破坏和环境退化。它是国土空间规划调整空间结构和优化发展方向、确定重大建设项目选址、保障空间安全高效和节约集约利用的重要科学基础。

土地适宜性评价（Land Suitability Evaluation）是以特定土地利用为目的，评价土地适宜性程度的过程。它从土地利用研究和土地调查开始，要求明确土地利用条件和每一个土地单元的属性和相关的经济社会生态条件，在此基础上进行土地利用的适宜性比较，以及相关经济、社会、生态、文化条件的分析。然后根据比较和分析确定土地适宜性和适宜程度、限制性和限制程度，最终评定出适宜性等级。由于农用地和建设用地的土地利用方式存在根本性的不同，国土空间规划中的土地适宜性评价可分为农用地适宜性评价和建设用地适宜性评价。

1. 农用地适宜性评价

它是指对土地为农作物、牧草、森林所提供的生态环境条件的综合鉴定，可以是一般意义上是否适宜进行农业用途的评价，也可以是针对更具体的农用地利用类型进行适宜性评价。由于水稻、玉米、小麦、牧草、果园、茶园、林木等，对土地所要求的生态环境条件是有很大区别的，因此，农用地的适宜性评价可能是多种多样的。尽管评价的目的不同，但评价系统的结构和方法步骤大同小异。它更强调任何一块土地均可针对不同利用方式从不同角度进行适宜性评价，即通常人们所说的多宜性评价，其结果为规划决策者的空间结构调整和布局优化提供依据。

2. 建设用地适宜性评价

建设用地适宜性评价主要是为了满足城乡发展建设的要求，对可能作为城乡发展用地的自然环境条件及其工程技术上的可能性与经济性，进行综合质量评定，以确定用地的建设适宜程度，为合理选择城乡发展用地提供科学依据。城乡建设用地适宜性评价通常选择工程地质、地形地貌、水文气象、自然生态和规划控制等指标进行适宜性评价，评定类别包括适宜建设用地、可建设用地、不宜建设用地和不可建设用地等。它可为规划布局、开发边界划定、四区划定、强度管制、综合防灾和现状建设用地风险评定等提供依据。

此外，更加专业的旅游适宜性评价、交通适宜性评价、水利适宜性评价、港口码头适宜性评价、军事工程基地适宜性评价、休闲度假地适宜性评价、大型产业集聚区适宜性评价等，在地方市、县层面的国土空间规划中，也都有开展的必要和需求。

（二）资源承载力

资源承载力是国土空间可持续性的基础支持系统。如果在考虑资源世代分配的情景下，可以满足资源承载力的需要，则表明国土空间的利用具备了持续性的条件；如若不能满足，就应该依靠科技进步或其他路径来挖掘和替代资源，务求“基础支持系统”保持在区域发展需求的范围之中。一个国家或地区的资源承载力（Carrying Capacity），是指在可预见的时期内，利用本地区的能源和其他自然资源，以及智力和技术等，在保障与其社会文化准则相符合的物质生活水平的情况下，所能持续供养的人口数量。在生态学中一般将资源承载力定义为“某一生境所能支持的某一物种的最大数量”。

可见预见，未来资源承载力的概念与传统的承载力含义相比，必然会有很大的发展和创新。从空间规划的角度看，可以将资源承载力的概念定义为：在不损害土地健康和相关生态系统功能的前提下，某一给定区域可以允许的最大自然资源消耗和废物排泄率。这一概念包括以下两条底线：一是不损害土地健康，即不损害土地在其生态系统界面内维持生

产，保障环境质量，促进生物与人类健康和维护自我恢复的能力。二是不损害相关生态系统功能，诸如不会引起物种退化或消失等。

（三）环境容许量

容许量，通常简称容量，是指一个物体的容积的大小，也就是物体或者空间所能容纳的单位物体的数量。物理学中的热容量、土壤学中的交换容量、计算机硬盘的容量等，都是广泛使用的概念。在环境中的生物种群可食食物量有极限值，种群增加也有相应极限值，在生态学中这个极限量被称为环境容量。影响环境容量的因素很多，概括起来主要有以下五个方面：①环境的自净能力；②环境的自然背景值；③环境的质量标准；④污染物的类型和结构；⑤污染物的规模、强度和速度。它具体又可以分为大气环境容量、水环境容量、土壤环境容量等，受自然环境、人口环境和社会环境综合作用的影响。

人对区域的开发，人对资源的利用，人对生产的发展，人对废物的处理等，一句话，国土空间规划中的全部行为和要素配置，均应维持在环境的容许容量之内；否则，国土空间的持续发展将不可能延续。

（四）生态系统服务功能

至少保障生态系统服务功能不降低、力求生态系统服务功能有提升，是国土空间规划的重要职责，也是判断国土空间规划是否具备可持续性的重要诊断指标。生态系统服务（Ecosystem Services）是指人类从生态系统获得的所有惠益，包括供给服务（如提供食物和水）、调节服务（如控制洪水和疾病）、文化服务（如精神、娱乐和文化收益）以及支持服务（如维持地球生命生存环境的养分循环）。它是生态系统产品和生态系统功能的统一。生态系统服务功能是指生态系统与生态过程所形成及所维持的人类赖以生存的自然环境条件与效用。一类是生态系统产品，如食品、原材料、能源等；另一类是对人类生存及生活质量有贡献的生态系统功能，如调节气候及大气中的气体组成、涵养水源及保持土壤、支持生命的自然环境条件等。生态系统服务的功能主要包括生产生态系统产品、产生和维持生物多样性、调节气候、减缓旱涝灾害、维持土壤功能、传粉播种、有害生物的控制、净化环境、景观美学与精神文化功能等九个方面。

生态系统服务功能的价值评估方法通常有两种：一是替代市场技术。它以“影子价格”和消费者剩余来表达生态系统服务功能的经济价值，评价方法多种多样，其中，有费用支出法、市场价值法、机会成本法、旅行费用法和享乐价格法。二是模拟市场技术。它以支付意愿和净支付意愿来表达生态系统服务功能的经济价值，其评价方法如条件价值法等。通过对生态系统服务功能进行价值评估，包括对森林生态系统、湿地生态系统、农田生态系统、水生态系统、草地生态系统、城市绿地和海洋生态系统服务功能评价等，可以减少和避免那些损害生态系统服务功能的短期行为，更好地满足人民日益增长的生态需要。

生态足迹是表征生态系统服务是否具有可持续性的重要指标。它是指给定人口和经济条件下，维持资源消费和吸收废弃物所需要的生物生产型土地面积（包括陆地和水域）。其基本思想就是通过对生态足迹和生态承载力（区域能提供的生物生产土地面积）的计算和比较分析，来判断人类对自然资产是否过度利用，生态系统服务是否具有可持续性。生态足迹的评估主要从两个方面入手：一是从人的自身测度消费的绝大多数资源及产生的废弃物数量；二是从所消费的废弃物与资源转换成相应的生物生产面积，其中包括草地、耕地、化石能源、森林用地、建筑用地和海洋六大类别。如果评估的结果是生态足迹大于生态承载力，则表明区域存在生态赤字，反之表明区域存在生态盈余。它是一种直观的计算人类生态消费、衡量生态系统可持续性的测量工具。但生态足迹的计算是一个复杂的过程，如何表征自然生态系统的服务功能并将其换算成生物生产土地面积，各种土地类型在空间上的关系是相融的还是相互排斥的等，还有待更深入的研究。

在现阶段中国的国土空间规划实践中，按照有关要求须开展"双评价"，即资源环境承载能力评价和国土空间开发适宜性评价。试图通过"双评价"为实施国家主体功能战略和优化调整主体功能提供基础依据；支撑各级"三区三线"划定和确定整治修复重点区域；为各级国土空间规划管控和监督实施提供指标依据；为资源环境重大风险管控和监测预警提供规划建议；为城镇、交通、产业、农业、生态、能源资源开发利用等格局优化调整和空间布局提供基础依据。

按照当下思维，"双评价"是划定主体功能区的基础前提："双评价"是空间规划编制的前提，是空间规划体系中的重要组成部分，是划定重要生态功能区、农产品主产区、城镇化地区、自然及人文魅力地区、矿产资源地区的依据。在国家级和省级空间规划中确定各区县行政单元的主体功能，并最终落实到区县内各类空间的比例关系，在市县级空间规划中确定各类空间边界，并最终落实到各类空间内的地块用途管制。"双评价"是分配开发建设总量与确定开发强度的主要依据：国家级和省级空间规划中，"双评价"是分配各省和各市县开发建设总量的主要依据，也是开发强度管控的主要依据。对于资源环境承载能力较强、适宜发展城镇的地区可提高开发强度；对于承载力较弱，适宜发展生态、农业的地区，要严格控制城镇开发强度，建立产业准入负面清单。

"双评价"是确定生态资源环境"三条线"的依据：按照中央要求，要"树立底线思维，设定并严守资源消耗上限、环境质量底线、生态保护红线，将各类开发活动限制在资源环境承载能力之内"。资源环境承载能力评价是判断空间超载程度和实施监测预警机制

的重要依据：资源环境承载能力评价可判断一个区域在一定时期内是否超载，为空间规划的格局优化调整和产业结构调整提供支撑。以资源环境承载能力评价为基础建立常态化的监测预警机制，可定期对城镇、农业、生态等不同主体功能空间进行体检评估、评判风险，根据不同的预警等级对不同主体功能区进行适当的政策干预。国土空间开发适宜性评价是划定永久城镇开发边界的主要依据：在市县层面，国土空间开发适宜性评价是划定永久城镇开发边界的基础依据。通过在市县级空间规划中开展国土空间开发适宜性评价，可校核划定生态保护红线、永久基本农田及二者周边一般保护地区，并结合对城镇开发建设适宜性的分析，限定永久城镇开发边界。

三、竞争力

（一）竞争力的内涵

在一般意义上，竞争力是参与者双方或多方的一种角逐或比较而体现出来的综合能力。就国土空间规划而言，竞争力主要指区域竞争力。从生产力的角度看，区域竞争力是某区域比它区域具有更高的生产效率；从价值创造的角度看，区域竞争力是指某区域具有更高的不断创造财富和价值的能力；从资源配置的角度看，区域竞争力为吸引集聚和利用要素的能力；从福利经济学的角度看，更强的区域竞争力表现在能够提供更充分的就业、更高的居民收入和更高的生活水准。从更长远的角度看，规划语境下的区域竞争力，其本质是一种具有更强的持续发展能力，具体表现为区域的发展基础更稳固、资源集聚和利用要素能力更高、发展质量更优、抗风险能力更强。

在现实的空间实践中，由于利润和规模经济的存在，永远不存在一个均衡状态；而技术竞争、劳动力竞争、资本竞争、土地竞争等无处不在，竞争是一种更普遍的存在形式。其实，空间的竞争性，来源于区域的选择性。它通常有两个基本范畴：其一，在众多的地域系统中，区域开发者会努力选择在其开发上最为合适、在经济上最为合算、在时间上最为合宜的那一类区域。这种选择是一种“受胁迫”或“非自由”的状态，这本身就体现出了竞争的内涵；其二，在众多的开发者中，均不同程度地需要同一类的区域，由此出现对于区域开发程度、对于资源利用经济性、对于区域识别优先性等一系列的复杂竞争现象。在经济全球化的进程中，各个区域之间的竞争越来越激烈，如何提高区域竞争能力，不仅是国家发展的重要战略，也是企业竞争的优先战略，更是地方政府的核心战略。

（二）规划与竞争力

区域发展既有积极的动力也有消极的阻力。区域发展的阻力主要来源于区域规模集聚带来的区域交易成本的提高和负面外部效应。如果能够通过政策和规划手段缓解和弱化区域发展带来的负面外部效应，资源利用的效率也将得到显著的提高，使区域沿着可持续的轨道发展。要解决区域发展问题，就必须把开发、利用、整治、保护活动作为一个整体去看待。在这个整体中各部分的“决策总和”，是由社会控制和整个机制施加一种外部刺激和协同来进行的。在国土空间中，干扰其内部“宁静”的任何一种外部刺激，肯定会通过空间主体之间的连锁关系或网络关系，被整个地扩散开去。于是，为了提升区域的竞争力，就要对资本、劳动力、土地、技术等全部要素进行整体性的安排和布局，进行系统性的平衡和优化，进行持续性的变化监控和信息反馈，规划无疑就成为最优先和最可靠的选择。

国土空间规划之所以能够提高区域竞争力，具体是通过以下五个方面来影响或优化区域空间结构、区域空间效率、区域空间品质和区域持续发展能力的：①根据地区情景，应该选择哪些开发利用整治保护行为，如工业、商业、住宅、交通、水利、生态、文化等；②在哪里安排何种开发利用整治保护行为最有效；③什么时间安排何种开发利用整治保护行为最合适；④如何根据土地与资本的替代关系决定最佳的开发强度；⑤如何通过交通与土地利用的配合安排人类活动的最佳联系等。其中的每一项规划内容都直接或间接地影响劳动力效率、土地效率、资本效率、基础设施利用效率，进而影响区域竞争力。例如，通过空间结构的优化使城市中生活和工商业活动都有最小的交通成本，个人和企业的效益函数就会达到最大，城市的效率就会提高，竞争力也就随之提升。再例如，城市里有各种各样的土地利用类型，如住宅、工业、交通、商业、办公等。一种土地利用类型对其他土地利用类型有负面的影响，如污染工业、飞机场、垃圾处理厂等对住宅的负面影响。如果通过规划的功能分区，将互不相容的土地利用类型在空间上分隔开，即将住宅集中在一起，重工业和污染工业集中在一起，中间用绿带分开，就可以降低土地利用的负外部性，从而提升城市的环境绩效和生活品质，自然也就提升了城市的竞争力。

四、开发和保护

（一）协调开发和保护是规划主线

建构以空间规划为基础，以用途管制为主要手段的国土空间开发保护制度，是国家生态文明体制改革的总体战略。国家推进空间治理体系的重大改革，其重要起因就是为了解决“因无序开发、过度开发、分散开发导致的优质耕地和生态空间占用过多、生态破坏、环境污染等问题”，协调好开发和保护的关系。从人类文明历史的发展进程看，当土地作为农业生产用途过程中受到其他产业生产、居民居住、社会消费、自然休憩等用途的竞争

时，协调开发和保护便成为一个必然的重要话题。由于自然资源数量的有限性、位置的固定性以及开发报酬的递减性，造成了自然资源供给的稀缺性。随着人口的增长、经济的发展，对自然资源的需求日益增大。为满足这种日益增大的需求，大量边际自然资源被开发，自然资源被过度利用，自然资源快速减少，从而导致生态环境退化。在这一进程中农地非农化是必然的现象，其直接后果是用于生产粮食的土地减少，从而使粮食安全受到威胁。由于农地非农化是许多发展中国家资本积累的重要途径，这就意味着对农民经济利益的侵害和就业机会的损失，从而造成诸多的社会安全问题。

国土空间规划作为空间治理的重要手段，其核心使命就是要坚持可持续发展，坚持资源节约和环境保护，坚持绿色发展和满足人民对美好生活的追求，形成人与自然和谐发展的现代化建设新格局。如何“协调”开发与保护的矛盾，理论上可以讲“在开发中保护，在保护中开发”，但在现实中的操作和边界把控是一个 100 多年来都没有很好解决的重大课题，也是长期以来规划界争论的焦点。人类在开发利用自然资源的过程中，给自然环境造成了越来越严重的破坏，以至于威胁到人类自身的生存和发展。但是，人类社会要取得进步，在很多情形下就不得不向大自然不断索取。如何进行开发与保护的取舍抉择，这是国土空间规划的问题导向，也是目标导向。无论这种取舍的难度如何，复杂性多高，国土空间规划都必须做出抉择，这是对政府、规划师和社会等规划主体决策能力、智慧技巧和理性判断的综合考量。规划的意义和价值就在于此，“安身立命”之地也在于此。

（二）协调开发和保护的理论逻辑

开发是指以土地、矿产、森林、水力等自然资源为对象，采用工程、生物等措施，扩大自然资源有效利用范围或提高对自然资源利用强度的活动。通常称为外延开发，后者通常称为内涵开发或深度开发。保护是指对潜在退化的自然资源和需要特殊爱护的自然资源，采取工程、生物等措施，预防和治理自然资源退化并对自然资源特殊功能进行专项护理的活动。协调开发和保护作为空间规划的主线和难题，在实践中的运作必须遵循以下理论逻辑：

1. 底线思维是逻辑基础

先在性是自然的最基本属性。人类产生于自然，依存于自然，其生存发展也受制于自然。人与自然和谐共生，是维持人类长久生存的必然选择。国土空间规划必须坚持底线思维，把国家安全、生态安全、环境安全、粮食安全摆在最优先的地位，客观分析可能出现的问题，制订妥善解决问题的方案。在一定程度上可以认为，国土空间规划的根本出发点是要超越狭隘的经济范畴，走向公共安全的最大化，按照风险预防原则寻求公共安全和长远福利的最大份额。

2. 有序开发是逻辑向度

改善空间结构和布局，转变空间开发方式，提升空间发展功能和竞争力，始终都是国土空间规划不变的追求。打造永续发展的绿色产业，有尊严、有活力的城乡居民生活和万物共荣的生态环境，这是国土空间规划的目标所在。无论空间规划的模式如何选择，都是为了促进区域的发展和再生。其中除了经济增长以外，还指人们生活条件和生产条件的改善，以及保持环境条件和生态平衡的状态。促进区域有序开发，不仅仅是国土空间规划理想性的逻辑向度，更是国土空间规划一种具有强烈现实性的逻辑向度。所谓有序开发，就是要通过认识客观世界，认识各种空间组成要素、相互联系、结构功能及它们的发展演变规律，按照这种认识和某种约束性来推进开发，做到有条理、有次序和规则不乱，做到宜建则建、宜保则保。

3. 尊重规律是逻辑起点

无论人类如何从自由世界转变成自为世界，其对自然界物质基础赖以生存，始终无法摆脱大自然规律的桎梏。如果国土空间规划肆意违背和破坏自然规律，必定会付出远高于收获的自然惩罚成本。自然生态价值的优先性如果被忽视和破坏，国土空间规划的价值也就随之荡然无存。从宏观层面的人地关系，到微观层面的土地使用、基础设施布局和社区环境建设，都要遵循地域分异规律和空间系统的整体性以及空间功能的完整性。国土空间规划作为人类生命共同体价值的承担者和实现者，其价值不仅仅是表现在对国土空间的认识和改造，更重要的是表现在如何完成国土空间的“生生之德”或“生生之道”。任何形式的国土空间结构调整和布局优化，都必须建立在尊重自然规律和遵循因地制宜的逻辑起点上逐步展开。

4. 全面协同是逻辑演绎

国土空间规划要对开发和保护全过程中可能出现的主要矛盾及问题进行系统的调查、评价和梳理分析，以确定在特定时期内国土空间开发与保护的阶段性特征和矛盾的主要方面，着力明确国土空间开发与保护的现实基础和将面临的机遇与挑战，提出未来国土空间开发与保护全面协同的目标导向和战略框架。协同国土空间开发与保护，必须坚持“全方位协同”，包括不同治理主体内部和层级之间的协同，不断提高协同国土空间开发与保护的前瞻性、综合性、整体性和系统性。

第四节　目标、政策和管制

一、目标和政策

（一）目标

目标是个人或组织所期望的成果，是工作的努力方向和要求达到的结果。它隐含着一定的价值观和可以实现的梦想、理想的预期，它或者以指标、标准、规则、图示等方式向系统明确告知，或通过潜移默化的影响，许可、鼓励、促进，或节制、约束、修正系统的行为。规划的目标就是规划所要追求的目的和达到的状态，是基于解决空间开发利用整治保护问题的途径，或基于对空间开发利用整治保护及其相关联的社会经济生态文化的认知，或基于未来人民对美好生活的向往，或基于国家未来发展的重大战略而确定的未来理想状态。规划目标具有下列基本属性：①概括性。要能用简短文字加以概括提炼，以表示一些理想和所要导向的目的地，具有行动导向功能。②可达性。目标必须既是需要的又是通过一定的努力可以达到的，具有务实性。③可观测性。目标必须是明确的，要便于观察、测量、辨识、检查、比较和判别。④约束性。目标与约束条件是共生的，规划中不但要列出目标，还要列出约束条件。⑤时效性。规划的目标是有时间表的，如长远目标、中长期目标、阶段目标、短期目标等。

一个目标可以转换和细分成若干个具体目标，后者通常以可度量和可实现的形式来表示。并非所有的具体目标都能定量化，特别是那些涉及环境美学和观感质量的目标，基本上是主观的理解并可用不同的理解来解释。例如，持续改善社区的景观质量，提升区域的环境品质等，就很难进行定量化的表达。确定规划目标的难点在于，如果太精确，就可能会影响其他更有活力的方案选择，也无法应对未来发展的不确定性；如果太含糊，例如，“使城市生活更美好”等，在政治动员中有价值，但对空间规划就缺少实践意义。不仅如此，目标与目标之间，目标中的因素与其他因素之间，通常是相互矛盾的。例如，发展经济与保护生态在特定时空条件下就经常会出现矛盾冲突。所以，目标最好是概括的，但又足以包括清楚的政策意图。把握好“意向”（Intentions）一词的内涵和技巧，对于理解目标和具体目标具有“钥匙”的作用。

（二）政策

在一般意义上，政策是国家和政党等政治实体，为了实现自己所代表的阶级、阶层的利益与意志，围绕一定时期内要实现的目标任务，以权威形式规定的一系列准则、方向、方式与指南的总和。本质上，政策是寻求能使决策者或者决策者所代表的群体的利益最大化的目标选择，或是选择为实现所追求的目标而需要的最适合的措施或手段。它是在政策适用范围内对不同群体间的利益矛盾或冲突的协调，为决策者的根本和长远的利益服务，为实现决策者的最终价值目标服务。

政策在大多数情况下是一种政府作为执法主体的代理行为，以及作为政策主体的自主行为，是政府行为与意志的体现，具有明显的目的性。由于各个国家或一个国家不同时期的自然环境、经济环境和政治环境的不同，以及政策制定者的理论基础、价值取向及政策手段形式的差异，政策目标的选择会存在明显的差别。其主要功能都是为了稳定国家政权，促进社会和谐和利益均衡，实现效率与公平统一，推动社会政治经济的发展。

（三）公共政策

1. 公共政策的主体具有宽泛性

其中最重要的主体也是最主要的公共权力机构就是政府。除此之外，其主体还包括政府以外的其他公共组织，尤其是一些公共决策性较强的非政府组织，它们所强调的价值取向与公共利益很有可能会对公共决策的制定造成影响。

2. 公共政策具有公共性和目的性

有明确的价值取向，其最主要的价值标准就是维护公共利益，合理分配社会资源，并且一般有比较明确的解决某个社会问题的意图。

3. 公共政策具有权威性

公共政策制定最主要的主体即政府具有公权力的权威性，因此，对于私人生活有合法干预和管制的权力，这是公共政策与企业政策、私人政策等最大的区别。另外，公共政策的实施也具有法律范围内的强制性。

由此，将公共政策的概念界定为：是政府或其他公共权威组织基于维护公共利益，合理分配社会资源的原则而制定的行为规范和行动指南。它是在特定时期、特定情境中为实现一定的具体目标而被制定出来的。由政府组织编制的空间规划，首先是国家意志的体现，是为了更好地引导国家的空间秩序，保障国家的公共利益，维护区域的公平与效率，内生着的政治属性和政治功能，是政治的价值实现，也是政府的行政职能和政治实践。因此，公共政策无疑是国土空间规划的重要核心概念。当然，国土空间规划有其技术特质，是一项知识性活动，不能纯粹理解为是一项公共政策制定。如何在公共政策的框架下，协调好政治与技术的矛盾性和复杂性，是一项需要深入研究的长期课题。

二、制度及其概念辨识

（一）制度的基本性质

根据制度经济学的基本理论，制度有两大功能：一是为人们的行为规范，是一个社会的游戏规则；二是给游戏带来效率。根据这两个功能的要求，制度就是一种约束规则、一种激励结构。从制度作为一种约束规则的角度看，制度的本质是对责、权、利的界定，是塑造经济、政治与社会组织的诱因架构，也是有规则运行的社会互动结构。它可以分为正式制度和非正式制度两大类。正式制度主要包括宪法、法律和各项行政法规等；非正式制度主要包括惯例、风俗、行事准则和行为规范等。从制度作为一种激励结构的角度看，它是社会运作的一种方式，具有动力激励的作用。制度的激励作用主要表现为两个方面：一是在微观上对个体、个人或单个的组织、企业的激励；二是在宏观上以微观制度为基础和前提对整个社会的激励，提供社会有机系统的适应能力、创新能力、自我完善能力和持续发展能力。

从以上制度的性质来看，国土空间规划也可以看作是一项空间再生产的制度。一方面，国土空间规划是一种约束规则，规定了空间开发利用的行为准则和规范，如规定了土地用途、开发强度和建设顺序，划定了永久基本农田保护区、城市开发边界和生态保护红线等，是一项行政法规，是一种正式制度；另一方面，国土空间规划通过整合空间生产要素，优化配置空间资源，合理分配空间权益，明确开发方向、开发重点和开发时序，可更好地防止市场中的机会主义行为，帮助各类主体形成稳定的预期，形成有效的社会激励结构。因此，从制度设计的角度，改革国土空间规划的制度关系和制度结构，完善国土空间规划的制度功能和制度绩效，创新国土空间规划的治理体系和治理能力，是国土空间规划在上层建筑的“核心概念”。

（二）制度、政策与法律

从法权和政治的角度看，“制度”“政策”和“法律”三词具有部分的相互替代关系，容易混淆，有必要做区分。

制度、政策和法律都是某种决策产物，指代规则，有相似之处。但政策侧重的是为某种目的采取的一般步骤和具体措施。其根本特点是具有阶级性，只代表特定阶级的利益，从来不代表全体社会成员的利益。法律是由国家制定或认可并由强制力保证实施的具有普遍效力的行为规范体系，具有普适性、规范性、稳定性等特征。政策和法律相对易于区分，它们的区别表现在意志属性不同、规范形式不同、实施方式不同、稳定程度不同。而制度的内涵比政策和法律更广，其可以作为规则的总称，包含政策和法律。从这一层面理解，制度处于内核地位，而政策是制度的具体形式，法律可以理解为制度及政策的一种形态。例如，国家的根本制度可以通过宪法来显示，规划政策也有部分通过管理法来显示。而作为规则的总称，制度也可以分为正式制度和非正式制度，在很多方面制度并不以政策和法律的形式出现。例如，约定俗成的道德观念并不是政策，城乡建设用地指标交易等政策也不是法律。在国外，政策可以包括法律，因为大多数政策只有立法后才能形成效力。换句话说，所有法律都是政策，但有一些政府制定未经立法的规则，也是政策。

三、土地用途管制

（一）土地用途管制的含义

"管制"这一概念涉及公权与私权、政治国家与市民社会之间的关系，也涉及经济学、社会学、法学等学科领域，从而有了不同角度的解读。不同学科对管制主体、管制方式、管制对象的认识并不完全统一。但总的来说，管制是政府或行政机构系统地进行管理和节制，并含有规则、法律和命令的基本含义，是一种矫正或改善市场机制内在问题的行为。

所谓土地用途管制，是根据规划所划定的土地用途分区，确定土地使用限制条件，实行用途变更许可的一项强制性制度。它包括两个方面的内涵：一是土地使用分区，指对由自然、经济、社会和生态等要素决定的土地使用功能的地域空间划分；二是管制规则，指对土地用途区内开发利用行为进行规范的细则，包括用途区内允许的、限制的和禁止的土地用途和开发利用方式的规定以及违反规定的处理办法。土地用途管制是实施国土空间规划的核心工具，土地使用分区的设计有利于提高国土空间利用的合理性，而管制规则的制定为规划实施提供了标准依据和制度保障。

（二）面向生态的土地用途管制

面向生态的土地用途管制包含以下三个方面的内容：①解决因为城镇化和工业化而带来的生态污染问题，包括水污染、大气污染和噪声污染等，主要通过合理布局功能区和对功能区内各个生产和生活行为做出限制来减少污染程度以及对人类生活和生态环境的影响程度。②建立生态自然保护区，自然保护区的建立是人类保护自然环境最为有效的手段之一，它的总体要求和根本目的是保护。限制人类活动侵犯自然环境，要通过立法来确定人类活动禁止区和限制区，这将有助于保护自然生态系统、珍稀濒危野生生物物种，保存有特殊意义的自然遗迹和保护自然资源。③建立系统的、可连接的生态廊道。为了保持生物多样性，在功能分区的大前提下，有必要建立起可供生物通行的生态廊道。现代土地用途

管制要比传统的土地用途管制更加重视生态在国土空间中的作用，强调人与自然的和谐发展，打造人地共生的空间关系。

四、国土空间用途管制的基本内涵

国土空间用途管制源于土地用途管制，涉及规划、实施、监督三项核心职责。与土地用途管制制度相比，国土空间用途管制涉及的资源类型更多，不局限在以耕地保护为核心的农用地转用，而是要扩展到以生态保护红线划定为重点的河流、湖泊、地下水、湿地、森林、草原、滩涂、岸线、海洋、荒地、荒漠、戈壁、冰川、高山冻原、无居民海岛等各类自然生态空间以及城乡建设区域，或者更直接地说不仅要管制各类自然资源的空间载体，还要实现对各类开发建设活动的空间管制。在根本意义上，由于土地利用具有很强的负外部性，而且具有多功能性或者说多用途性，为了实现整体利益的最大化和保障公共利益，要实现土地用途管制。由于不少自然资源的利用并不具有多功能性以及很强的负外部性，例如，铜矿的用途是确定的，森林的用途也是基本确定的，等等。未来如何将土地用途管制更科学地拓展到国土空间用途管制，还要做更深入细致的研究。

第二章　国土空间规划的技术方法

土地利用总体规划是实现土地资源优化配置和部门间合理分配的有效方式，是落实土地管理法的重要手段。随着土地管理作为国家宏观调控手段运用的不断深入，不可避免地对作为土地管理依据的土地利用总体规划编制提出更高要求，正值现行土地利用总体规划修编之际，对规划修编方法进行探讨，具有重要的现实意义。

第一节　国土空间规划基础方法

一、调查勘测方法

（一）调查勘测主要类型

国土资源信息资料的来源，一方面，应充分利用各部门、各行业已有的调查资料，但这些以部门和行业应用为目的的调查资料，其调查项目、时限、精度必然参差不齐，如果简单地汇集起来，不可能对国土空间规划形成全局的认识，应加以综合处理；另一方面，为了对评价区域的国土资源开发利用保护有一个深刻、全面的评价，还应对自然、历史、社会、经济等方面做广泛的信息调查研究。调查勘测是获取国土空间规划第一手资料的必要途径，它主要包括以下三种类型。

第一，工程勘测。包括航片判读调绘、遥感图像解译、国土测绘等。

第二，专业调查。包括国土数量、国土质量、国土权属、国土利用结构、国土生产力、国土开发利用保护问题调查，以及对国土开发利用保护有重要影响的土壤、植被、水文、农业、林业、牧业、交通、人口、城镇网络、经济、环境等专题调查。

第三，观测诊断。包括国土生态、农业生态、水土流失等野外观测与诊断。

（二）国土资源信息调查

1. 国土资源信息调查的内容

（1）国土文字信息

国土文字信息调查主要包括下面七个方面的内容：①调查与收集规划区内国土资源的

种类、数量、质量、规模、分布、组合、结构数据与信息；②收集规划区周边地区及评价区域的上一级行政区域的国土资源状态特征及开发利用保护现状数据和信息；③收集与调查规划区国土资源开发利用保护历史与现状资料；④收集规划区的经济社会发展状况资料；⑤收集规划区国土资源及其开发利用保护的科学研究成果档案资料；⑥收集国内外国土资源开发利用比较成功的国家和地区国土资源开发利用研究成果及经验数据资料；⑦收集与调查各类国土资源的开发利用保护规划及实施效果、各种国土资源调查评价报告等。为了便于系统地收集、整理和分析比较研究同一地域不同时段或不同地域之间的信息资料，可以编制并填写各种区域资料统计图表，最好将收集来的资料分门别类地输入计算机，便于利用计算机进行分析研究。

（2）国土图像信息

图像信息包括遥感图像，如航空相片、卫星图片以及各种地图。彩色航空相片，可用于国家和区域制订综合的国土资源开发利用保护规划，还可以用于各种专项的国土空间整治规划，同时还可以被利用于探测地壳变动，判断森林、水体等各种资源的数量消长，发现淹没迹地等，还是地形、地质、土壤、土地利用及其他有关国土空间基础调查研究的重要资料。地图是国土空间规划的制订与实施不可缺少的工作，大致可划分为综合地图和专题地图。其中，专题图是指对特定主题有突出表现的地图，有主要以自然条件为对象的，如水文地质、地形分类、植被、湖沼图等；有主要以人文条件为对象的，如地籍图、行政区划图、道路图、工业分布图等；还有自然与人文相关的图，如土地分级图、土地利用图等。

（3）国土数值信息

国土数值信息有表示位置的坐标资料与特定网格内属性的网格资料。它是将地形、地质、土壤、高程、土地利用现状、流域、铁路与道路、湖泊与海岸线，行政界线及重大工程、公共设施等有关信息，通过网格或坐标的形式，存储于纸、光盘、磁盘等相关媒介中形成的。网格信息作为表示位置数值化的方法，原则上是采用经纬线将地区分为网格状的“标准区域网格”。标准网格，是按大体等形、等积进行划分的。网格的大小，是由区域的特点、研究工作的深度及精度所决定的。坐标信息包括重大工程、公共设施等点的信息，以及海岸线、行政界线、河川、道路等线状信息。

2. 国土资源信息来源

（1）政府部门的数据档案

如统计年鉴、经济发展年鉴、环境统计年鉴、城市统计年鉴、国土资源开发利用保护及经济社会发展计划、规划、工作总结、研究报告等。

（2）各部门各行业规划资料

如土地利用规划、矿产开发利用规划、农业发展规划、农业区划、林业发展规划、水资源开发利用规划、旅游发展规划、环境整治规划等。

（3）典型调查勘测资料

这种数据文件或报告可以是政府部门组织的调查勘测资料，如城乡居民收入调查、人口普查、国土资源大调查、耕地普查等；也可以是各行业和科研部门、企事业单位组织的调查勘测资料。

（4）地图和遥感资料

各相关机构、研究单位、新闻出版部门出版发行的或内部使用的各种地图和遥感资料。如地质图、地形图、矿产资源图、土壤图、水资源分布图、土地利用现状图、航空相片、卫星图像等。

（5）各类政策法规资料

各级权力机构的法令、法规、政策、政府工作报告等。

3. 国土资源信息的获取方式

已进入国土空间规划阶段的国土资源信息获取，主要不应采取实地调查、实时监测、测绘勘探等一切从零开始的手段进行，而应主要采取收集、汇总、分析各有关部门、行业、单位和个人的调查研究成果的方式进行。但是，对于国土空间规划的底线控制指标，必须采取实地调查勘测的方法进行落地。

（三）国土资源信息处理

1. 利用系统论方法分析整理国土资源信息

国土资源开发利用保护研究的对象极其复杂，反映国土资源开发利用保护情况的资料是多方面的，既有经济社会方面的，又有自然生态方面的。因此，为了取得国土资源开发利用保护的可靠诊断结论，应从系统的角度出发，系统地分析所取得的国土资源信息，以期从纷繁复杂的信息中，归纳总结出最能反映规划区域国土资源开发利用保护本质特征的结论。

2. 建立规划地区国土资源数据库及数据分析系统

国土资源数据库与数据分析系统是指存储于计算机存储器中的国土资源各要素的特性及其分布位置的数字信息集合，它是相当严密的国土资源数据库管理方式，以实现国土资源数据共享和快速存取、修改和更新。通过计算机，用户可以迅速检索到所需要的有关国土资源的数据，并按自己所需要的形式输出资料（数据、表格和各种图件），回答各种咨询，提供

可选择的各种方案，用于国土资源综合分析评价。数据库技术能够对庞大的数据信息用科学方法进行系统整理、保存、更新和分析并为社会所共用。由于现代国土资源开发利用保护的范围广泛，对所形成信息的值与量，处理信息的效率与技术的要求也大大提高，特别是航空、航天遥感技术的发展，使得遥感获取的地面信息大增，人们应接不暇，传统的工作方法不能适应现代的要求，出现了所谓“信息大爆炸”的局面。建立国土资源数据库与数据分析系统，不仅能够处理数据量庞大的数据，而且可以对已有资料进行系统整理，使分散的资料系统化，使独享的资料变为共享资料，使杂乱的数据标准化，使单独要素资料变成综合的资料，可以及时获得动态信息，这就为国土资源开发利用保护现状评价和国土空间规划提供了极为有效的研究手段，使资源数据变成国土空间规划的宝贵财富。

国土资源数据库与数据分析系统一般由空间数据和非空间数据按一定的组成结构体系所形成，由数据库管理与处理系统、模型分析系统、数据分析系统三大部分组成。

国土资源信息通过数字化、扫描、转换、录入等方式输入计算机，根据数据结构与数据库的构建方式形成一个规划区的完善的数据库，这种数据库在其配套的数据库管理与处理系统、数据分析系统的配合支持下，可以根据用户或研究者的需要输出各种符合国土空间规划要求的图像、计算结果、统计表格等。

二、系统评价方法

（一）国土空间适宜性评价

国土空间适宜性评价，又称国土空间开发适宜性评价，是国土空间开发格局优化与区域协调发展的重要基础与科学依据。进行国土空间开发适宜性评价，是利用地理空间基础数据，在核实与补充调查基础上，采用统一方法对全域空间进行国土多宜性评价，确定其生态功能、城镇建设功能、农业功能和其他功能适宜开发、较适宜开发、较不适宜开发和不适宜开发的区域，并以此为基础，合理划定生态、农业、城镇空间，给出不同空间内的建议开发建设强度，为国土空间规划和国土空间资源有效利用提供科学依据。

（二）农业功能适宜性评价

国土空间的农业功能是指以利用土地资源为生产对象，培育动植物产品从而生产食品及工业原料的一种功能。农业功能适宜性指农业空间构建过程中不同土地用于农业生产功能的适合程度。

1. 评价思路

农业功能适宜性评价是指农业生产适宜性，重点对耕地、园地、牧草地和其他适合农

业种植业生产的土地利用类型，考虑其现状土地利用情况，对农业耕作的适宜程度，再结合土壤污染、土层厚度、障碍层、坡度等对农业耕作的限制程度进行评价。最终，将全域国土空间划分为农业功能适宜、较适宜、较不适宜、不适宜四个等级。

2. 评价方法

根据评价思路建立评价指标体系。根据耕地、园地和草地自身等级、土壤污染情况等进行适宜性的评价。具体评价步骤如下。

（1）第一步：评价对象定级

根据专家经验和相关资料，首先将现状耕地、后备耕地、园地和草地本身赋予农业功能适宜性等级。

（2）第二步：土壤污染限制性评价

评价耕地（S_1），后备耕地、园地和草地（S_2）的土壤污染限制性，比较其自身等级与土壤污染限制性等级，将低等级赋予所在地块，代表其受到的土壤污染限制性。

$$S = \max(S_1, S_2, S_3) \quad （式 2-1）$$

式中：S 为耕地、后备耕地、园地和草地的土壤污染限制性评价等级。

（三）城镇建设适宜性评价

城镇建设适宜性指土地用于建设开发的适合程度。

1. 评价思路

城镇建设适宜性为全域评价，主要从地形坡度、生态敏感性、岩土稳定性、矿山占用、地质灾害等方面考虑城镇开发建设自然适宜性。

2. 评价方法

根据评价思路，构建城镇建设适宜性评价指标体系。城镇建设适宜性评价指标，通常包括坡度、地形、岩土稳定性、水文地质、矿山占用、基本农田限制、自然保护区等生态限制、道路可达性等影响开发建设的指标。可以采用因子等权平均法开展城镇建设自然适宜性评价：

$$U = \frac{N + M + \sum_{k=1}^{l} G_i}{2 + l} \quad （式 2-2）$$

式中：U 为城镇建设适宜性分值，据此分值将城镇建设自然适宜性划分为适宜、较适宜、较不适宜和不适宜四类。也可以采用区域建设用地适宜性多因素综合评价模型，计算方法如下：

假定在评价中选取 m 个因素，每个因素包含 n 个指标，评价单元内某个因素的评价值等于各指标分值累加之和，即

$$P_i = \sum_{j=1}^{n} F_{ij} W_j \quad \text{（式 2-3）}$$

式中：P_i 为 i 因素的评分值；F_{ij} 为 i 因素中 j 因子的分值；W_j 为 j 因子的权重值。设 P 为某土地评价单元总评分值，W_i 为 i 因素的权重值，该单元总评分值为

$$P = \sum_{i=1}^{m} P_i W_i \quad \text{（式 2-4）}$$

（四）生态功能重要性评价

国土空间生态功能指生态系统与生态过程形成的、维持人类生存的自然条件及其效用，包括气候调节、水调节、土壤保持等。生态功能重要性指生态系统在发挥这些功能时的重要程度。

1. 评价思路

生态功能重要性评价为全域评价，从生态保护底线、生态系统服务重要性、生态敏感性和生态修复必要性等四个方面评价生态功能重要性。其中，生态保护底线是生态功能重要性最高等级，而生态系统服务重要性、生态敏感性和生态修复必要性则根据其程度来进行重要性的评估。

2. 评价方法

根据评价思路建立评价指标体系。评价指标可以分为两大类：一类为强限制性指标，包括生态保护底线，该范围所包括的区域生态适宜性为最大值 100；另一类为弱限制性指标，包括生态系统服务重要性、生态敏感性和生态修复必要性，通过等权重求和法计算获得。

（1）生态保护底线区域评价

将自然保护区、水源保护区、湿地保护区等具有生态强制性的区域进行评价，赋值为重要性最高的等级分值 100，即生态保护底线区为最适宜等级。

$$E = \begin{cases} 100, & D_z = 100 \\ 0, & D_z = 0 \end{cases} \quad \text{（式 2-5）}$$

式中：E 为生态功能重要性分值；D_z 为第 z 个生态保护底线指标。

（2）非生态保护底线区域评价

在上述评价基础上，对非生态保护底线区域进行生态功能重要性评价。

$$E' = \frac{\sum_{i=1}^{n} S_i + \sum_{j=1}^{m} M_j + \sum_{k=1}^{p} R_k}{m + n + p} \quad \text{（式 2-6）}$$

式中：E' 为非生态保护底线区域内的生态功能重要性分值；S_i 为第 i 个生态系统服务重要性指标分值；M_j 为第 j 个生态敏感性指标分值；R_k 为第 k 个生态修复必要性指标分值。

最后，在上述评价的基础上，根据重要性评价分值的直方图进行重要性等级划分，最终获得重要、较重要、较不重要和不重要四个等级。

（五）国土资源开发潜力评价

国土资源开发潜力是指在合理开发条件下国土资源能够产生的最大利用价值。国土资源开发潜力的大小决定国土空间规划中国土资源开发方式、方法和开发投入计划的制订。因此，准确的国土资源开发潜力评价是国土空间规划中的国土资源开发方式、方法、开发计划的确定、开发资金的投入、开发效益的测算的基础，决定着制订出的国土空间规划和开发计划是否使该地域的国土资源得到充分利用，发挥出其应有的作用。

国土资源的开发潜力主要与评价地域内国土资源的种类、数量、质量、国土资源的时空和种类组合结构特征、国土资源开发的技术经济水平、国土资源开发对生态平衡的影响程度、国土资源开发地域所处的更大系统的国土资源开发状况等因素有关。主要是根据评价地区国土资源利用现状、产业结构特征和经济社会发展目的，对该地区的国土资源开发潜力做出科学评价。

在国土资源系统中，既有硬资源，又有软资源；既有可再生资源，又有不可再生资源。不同类型的资源，不但其数量、质量、结构、开发条件不同，而且其量化手段、标准、方法也不同，所以，对于每种类型的国土资源，就应该采用适合其特点的资源开发潜力计算方法，然后再汇总成评价地区的总开发潜力。一般来说，如果资源开发潜力计算结果换算为用货币度量的经济价值，就应转化为货币价值，这样看起来比较直观也便于资源间进行分析比对和加总。

（六）劳动力资源开发潜力评价

一个地区的总劳动力一般可划分为农业劳动力、工业劳动力、服务业劳动力、掌握科学技术的劳动力、掌握高新技术的劳动力和失去劳动力六部分。进行劳动力资源开发潜力计算时可以按这一分类进行计算，也可按统计资源分行业进行。计算时，首先，用每种行业的从业人数乘以世界上中等发达国家的相同行业从业人员的每人年平均工资水平与评价区域内相同行业从业人员每人年平均工资水平的差值求得该行业的劳动力资源开发潜力。

其次，将失业人员乘以评价区内最低工资水平的行业从业人员每人年平均工资水平，求得失业劳动力资源的开发潜力。最后，将评价区内所有行业的劳动力资源开发潜力相加，并加上失业劳动力资源开发潜力即可求得评价区域内全部劳动资源的开发潜力。

（七）资源环境承载力评价

资源环境承载力是指在一定的时期和一定的区域范围内，在维持区域资源结构符合持续发展需要，区域环境功能仍具有维持其稳态效应能力的条件下，区域生态资源环境系统所能承受人类各种社会经济活动（人口总量、经济规模、发展速度等）的能力，包含了资源、环境、生态、设施四类要素的综合承载能力概念。资源环境承载力不仅取决于承载主体条件，也取决于承载对象的规模结构。自然资源环境系统为承载主体，提供资源供给、环境纳污、生态系统调节能力等支撑力；经济社会系统为承载客体，施加资源消耗、环境排污、生态服务等压力。在一定社会发展条件下，资源与能源、生态、环境容量，社会设施与基础设施能力是有限的。因此，人类生产活动应限定在综合承载能力的范围之内，这是实现区域可持续发展的基本条件。资源环境承载力评价包括资源承载能力评价、环境承载能力评价、生态承载能力评价和设施承载能力评价等方面。

三、预测分析方法

（一）预测分析的原理

规划的前提是预测，没有预测提供的科学依据就很难进行未来规划。所谓预测，是人们对未来或不确定事件的行为和状态做出的主观判断。预测的立足点是过去和现在，着眼点是未来。预测的实质是预测者选择和使用一种逻辑结构使过去、现在与未来相通，以达到描述未来状态和特征的目的。预测的主要原理如下。

1. 惯性原理

事物的发展和系统的运行在没有受到外力强烈干扰的情景下，通常都会有一定的惯性，即过去和现在的情景将会持续到未来。这一原理在时间序列分析的预测基础中，可定义为时序的随机平稳性。如果所分析的时间秩序不具有随机平稳性，就不能利用时序分析的预测技术进行科学的预测。不仅外推法如此，宏观计量经济模型分析也如此。如投入-产出分析，它进行预测的先决条件是不变的投入系数和不变的部门经济结构形式。当然某些技术系数肯定会随时间而变，但是很明显，只要这些改变是有规律的，那么这种不变性就仍然存在。在这种情况下，不是系数本身保持不变，而是修正系数的方法保持不变。惯性原理，历来被人们认为是一条经验法则。这种经验法则之所以能奏效的主要原因就是由于系统结构的稳定而使预测事物发展的趋势稳定。正是这样，人们才能对事物的进程进行模拟和预测。

2. 类比原理

它是根据两个具有相同或相似特征的事物间的对比，从某一事物的某些已知特征去推测另一事物的相应特征，从而对预测对象的未来做出判断的预测方法。类比方法是在两个特殊事物之间进行分析比较，它无须建立在对大量特殊事物分析研究并发现它们的一般规律的基础上。因此，它可以在归纳与演绎无能为力的一些领域中发挥独特的作用，尤其是在那些被研究的事物个案太少或缺乏足够的研究、科学资料的积累水平较低、不具备归纳和演绎条件的领域。

3. 关联原理

在社会经济系统中，许多社会经济变量之间常存在着关联关系或相关关系，如正相关、负相关等。通过这种关联关系分析，就可以对预测事物的未来变化进行判断。多元回归分析的预测技术，就是根据这种关联原理，从样本对整体进行估计、验证和模拟，对事物的未来进行预测。

4. 概率原理

它是指任何事物的发展都有一定的必然性和偶然性，社会经济发展过程也不例外。通过对事物发展偶然性的分析，找出其发展规律，从而进行预测。马尔可夫链预测模型，就是应用概率原理进行预测的一种方法。在马尔可夫链的每一步，系统根据概率分布，可以从一个状态变到另一个状态，也可以保持当前状态。状态的改变叫作转移，与不同的状态改变相关的概率叫作转移概率。随机漫步就是马尔可夫链的例子。随机漫步中每一步的状态是在图形中的点，每一步可以移动到任何一个相邻的点，在这里移动到每一个点的概率都是相同的。该模型对于短期的事件预测，有效性相对较高。

（二）预测分析的程序

预测是否能取得预期的成功效果，很大程度上取决于预测研究的程序设计和预测方法的选择。国土空间规划的各类预测，应遵循以下一般程序。

1. 确定预测任务

要明确预测目的（目标）、预测期限和范围。预测的问题或目的不同，所需的资料和采用的预测方法也有所不同。如就业预测、交通需求和绿色空间需求预测，它们所采用的资料和方法都应该是很不相同的。有了明确的目的，才能据以收集必要的统计资料和采用合适的统计预测方法。

2. 确定预测因素

找出（或确定）和预测目标任务相关联或有一定影响的预测因素。例如，要对城市用地规模进行预测，就要找出产业、就业、人口、GDP、固定资产投资等因素，才能更好地预测不同时段城市用地的合理规模。

3. 收集和审核资料

准确的统计资料是进行预测的基础。预测之前必须掌握大量（完备）的、全面的、准确有用的数据和信息。为保证资料和信息的准确性，还必须对资料和信息进行审核、调整和推算。对审核、调整后的资料和信息要进行初步分析，画出图形，以观察数据的性质和分布，并分析其发展变化的规律，作为选择预测模型的依据。

4. 选择模型进行预测

在通常情况下，模型选择的基本原则：一是要符合预测对象变化的自然规律；二是要反映出预测对象随时间变化而动态变化的特性；三是应依据不同的需求确定选择的方法。由于不同的单个预测模型考虑不同的因素变量，这些变量含有不同的信息，它们均能从各个侧面体现同一个复杂预测系统的发展状态，因此，组合预测成为国内外预测领域推荐的重要范式。在组合预测模型构建方面，基于信息算子的组合预测模型、基于相关性指标的组合预测模型、模糊环境下的组合预测模型、智能组合预测模型等都得到广泛的应用。

5. 误差分析与模型检验

预测误差是预测值与实际观察值之间的离差，其大小与预测准确程度的高低成反比。预测误差虽然不可避免，但若超出了允许范围，就要分析产生误差的原因，以决定是否要对预测模型和预测方法加以修正。计量经济学（预测）有句名言：检验、检验、再检验。由此可见检验的重要性。

四、空间分区方法

（一）国土空间分区基本方法

国土空间分区是国土空间规划的重要基础，是国土空间优化配置的核心内容，是制定差别化国土资源管理政策的主要依据。国土空间分区一般以地域分异规律为理论基础，确定不同的理论和方法准则作为指导思想，并指导选取分区指标、建立分级系统、方法体系。针对国土空间分区的多主题集成和多尺度融合，采用自上而下的国土空间现状要素分析与自下而上国土空间功能表达相结合，形成一个有机整体，评价单元原则上不打破行政界线或产权界线的完整性，而分区实施过程中对评价单元界线与数据单元尺度不一致的情

况可运用地理信息系统空间分析方法予以解决。几种常见的具体分区方法如下：

1. 聚类分析法

利用统计手段进行聚类分析，可以从影响自然、经济和社会等指标对区域内各地区进行分析，找出地区间的差异和地区经济发展特征，这是国土空间规划分区的重要参考基础。常见的聚类方法包括模糊聚类、*K*-均值聚类、系统聚类、动态聚类等。

2. 空间叠置法

又称套图法，适用于规划图和区划图齐全的情况下，将有关图件上规划界线重叠在一起，以确定共同的区界。对于不重叠的地方要具体分析其将来主导的国土空间用途并据以取舍。

3. 综合分析法

又称经验法，是一种带有定性分析的分区方法，主要适用于区域差异显著、分区明显易定的情况，要求操作人员非常熟悉当地的实际情况，一般为专家个人或集体。

4. 主因素法

它是在微观的规划单元划分基础上，适当地加以归并，逐步扩大国土空间利用区，再将地域相连的类型区合并成为区域，以主导的国土空间用途作为国土空间区域名称。

（二）国土空间地域分区方法

国土空间地域分区通常是指在地市级以上大尺度的国土空间规划中，按照自然、生态、社会、经济及国土空间开发保护的一致性和管理方针的一致性，所划分的区域。地域分区方法是依据地域共轭性原理，以自然区划方法为基础，按照国土空间开发保护一致性和差异性的大小进行区域划分。这样划分的区域内部以某一类国土空间开发利用保护为主，但同时存在其他非主导的开发利用保护类型，实际上是一种不同开发利用保护类型的组合分区。地域分区中的同一区域不能在空间上断续分布，一般区域命名以地理差异为主命名。这种分区方法对认识区域内部不同地方的国土资源特点和确定不同地方国土资源开发保护方向无疑是非常有帮助的。

1. 分区原则

在进行国土空间规划地域分区时，必须遵循以下基本原则。

（1）相似性原则

同一区域内的自然生态条件和社会经济条件应当基本相似，以保证国土空间开发保护条件、开发保护方向和开发保护强度基本相同。

(2) 一致性原则

同一区域内国土空间开发、利用、整治和保护的措施具有相对一致性，开发保护存在的主要问题和解决问题的途径具有相对一致性，便于国土空间规划的实施监管。

(3) 综合性原则

由于国土空间开发保护的复杂性，因而只有综合分析各方面的因素，同时善于抓住主要矛盾，才能真正理解国土空间开发保护的问题、特点和规律。

(4) 完整性原则

由于各类国土空间开发保护的资料，大多是按行政单位统计的，以行政单位作为分区单位，有利于资料的收集和信息处理，因此，对于大尺度的地域分区应保持行政界线的完整性和分区界线的连续性，便于各级行政主管部门对国土空间开发保护的监管，从而使分区结果易于执行落实。

2. 分区方法

国土空间地域分区的方法可采用主成分分析法和聚类分析法等定量方法进行，也可采用专家调查法等定性方法进行。但无论采用哪种方法，都要先建立反映国土空间开发保护地域差异的指标体系，然后根据指标体系收集有关资料，得到各指标的数值或评语，再采用一定的方法将这些数值或评语转化为可以比较的指标值，之后就可以采用定性或定量方法将各个单元划分成不同的国土空间地域分区。同时，还应结合实际调查勘测情况加以修正，得出最后的分区结果。

应指出的是，国土空间规划的地域分区除了按以上综合方法进行以外，还可以有以下三种类型。

一是自然分区。它是根据国土空间地质、地貌、气候、水文、土壤和生物等因素及其发生、发展和演替方向的相对一致性所划分的自然地理综合体。

二是经济分区。它是根据经济发展的资源条件、经济发展水平、经济发展内在联系、经济发展目标和方向的相对一致性所划分的地域生产综合体。

三是行政分区。它是按照地方政权存在的区域和管辖范围所划分的行政管理地域单元。

究竟应该采用何种地域分区，应当视国土空间规划的类型和主体任务而定。如果主要是整治自然环境，如流域治理，可以按照自然分区；如果主要是重大产业基地布局，可以采用经济分区；如果是为了更好地发布政府在国土空间规划中的作用，可以按照行政分区。但如果要综合考虑自然生态和社会经济等的作用，可采用综合地域分区。

（三）国土空间用途分区方法

国土空间用途分区，也称国土空间功能分区，它是将国土空间根据用途管制的需要，按开发保护的管理目标和经济社会发展的客观要求，划分不同的空间区域。不同的区域，国土空间开发利用整治保护的基本功能存在明显差异。划分国土空间用途分区的目的：一是保障自然资源合理利用的需要；二是保障公共利益的需要。如为了保护生态环境、保护基本农田、防治自然灾害、降低负外部性等。

1. 分区原则

分区原则是制定国土空间用途分区的基本准绳，也是在分区过程中处理矛盾的重要依据。一般而言，国土空间用途分区应遵循以下基本原则：

（1）保护优先原则

国土空间规划的重要使命是保障国家的粮食安全、生态安全、环境安全、经济安全、文化安全、国防安全和人民的生命安全。因此，国土空间用途分区应坚持保护优先原则，优先把质量最好的耕地划入基本农田保护区，优先将国家公布的重点防护林和特种用途林划入生态林区，优先将国家批准的围栏保护典型地域划入自然保护区，优先将生态环境脆弱地区划入环境敏感特别保护区等，将影响国家安全和人民生命安全的国土空间划入专门区域，给予特别保护。

（2）完整一致原则

国土空间用途分区是为了科学有效地控制国土空间用途。在分区划线的过程中：一是要尽量避免将同一权属或完整图斑的国土空间分割成多种不同用途区，还要重视交通干线、工程管线、构筑物走向、自然地形界线的完整性，以利于国土空间用途管制措施的制定和实施；二是要尽量保持同一分区内国土空间主导用途、限制用途、可转换用途的一致性，避免同一区内国土空间用途交叉、限制用途模棱两可、转换用途含糊不清，影响国土空间用途管制的实施。

（3）参与原则

国土空间用途分区既涉及部门利益，也涉及企业利益，更涉及公众利益。因此，要与国土空间规划的不同主体进行反复协调，要与当地干部群众进行广泛交流，还要到实地去进行核对，最终才能形成国土空间用途分区结果。最终形成的分区结果，并不是所有主体的利益都能得到满足，但从总体上看应该是最优和最合理的。只有公众的广泛参与，才能制订出公众认可和接受的分区方案。

2. 用途分区类型

国土空间规划是全域全类型覆盖的，其用途分区类型必然不同于土地利用总体规划的

用途分区类型，不同于城市总体规划的功能分区类型，也应该区别于传统的海洋功能分区。从空间覆盖范围和传统各类空间规划用途分区的深度来看，国土空间用途分区类型应该是土地、城市、海洋等各类空间规划用途分区类型的系统整合和创新。在具体操作层面上，可以土地利用总体规划的用途分区为基础，充分吸收城市总体规划功能分区和海洋功能分区的成果，相互之间优势互补，形成全新的国土空间用途分区类型。按照这种思路，国土空间用途分区类型从城市到乡村再到海洋，在一级层面至少应当包括以下基本的用途分区类型：城镇区、村落区、采矿区、农地区、林地区、自然环境保护区、水资源保护区、历史遗产保护区、观光休养区、海洋农渔业区、海洋非农利用区、海洋保护区等。在一级分类之下，可根据空间尺度和用途管制的需要，续分二级甚至三级。例如，在城镇区续分居住区、工业区、仓库区、对外交通区等，还可以有行政区、商业区、文教区、休养疗养区等；在农地区可以续分基本农田保护区、基本草场保护区、一般农地区；林地区可以续分生态林区、生产林区等。

3. 分区方法

国土空间用途分区方法，大多采用上文述及的聚类分析法、空间叠置法、综合分析法和主因素法等。在实际操作中，更多采用定性方法结合空间叠置法等定量方法综合进行。

在定性方法中，大多采用特尔菲法进行。特尔菲法也称专家调查法，具体操作过程是：在国土空间规划各类资料信息收集整理的基础上，将国土空间自然、生态、社会、经济、文化等条件相对一致的图斑组合到一起，结合国土空间开发利用保护现状，划分出多个分区单元。然后，组织专家对各个单元的空间区位和属性进行分析比较，根据国土空间规划对用途分区的要求，结合适宜性和承载力评价结果，专家凭借对国土空间用途分区研究积累的经验，对每个单元的用途提出自己的意见，规划人员对各个专家的建议进行整理、归纳、统计，再匿名反馈给各专家，再次征求意见，再集中，再反馈，直至得到基本一致的意见，最终得出国土空间用途分区方案。其过程可简单表示如下：匿名征求专家意见—归纳、统计—匿名反馈—归纳、统计……3~4 轮后停止。它是一种利用函询形式进行的集体匿名思想交流过程。它有三个明显区别于其他专家调查方法的特点，即匿名性、多次反馈、小组的统计回答。按照一般经验，专家至少要有 9 人，最好能在 16 人以上，分区结果才比较符合实际。

在采用空间叠置法时，因不同地区情况有很大差异，在各类图件叠置时，不可能把多种图件同时叠置在一起，所以，有一个前后顺序问题，叠置顺序可根据采取先重点后一般的方法进行。通常是将土地利用现状图作为叠置的底图，将同比例尺的永久基本农田保护图、生态保护红线图、城市开发边界图等以经纬网和明显地物为标志进行叠置套合，然后再叠置交通、水利、城市、乡村、旅游等专项规划图件。如果叠置后分区界线一致的，就直接作为分区界线；对于不重叠界线，须结合适宜性评价和资源环境承载力评价结果及规划要求和行业特点进行判别处理。

在采用空间叠置法进行用途分区划定的过程中，应注意以下三点：一是界线明确无争议的可直接采用，并同时在底图上标注分区名称；二是对界线不太明确或与实地有争议的，要与有关部门协商，并通过科学的研究和论证后确定；三是对一些重叠图，如风景旅游区内出现自然保护区，要根据其双重作用，以主要用途和资源保护优先的原则确定。对于某些部门为了自身利益而扩大的界线，如林业与果园之间的矛盾等，应本着生态环境优先、资源保护优先的原则，采用特尔菲法进行辅助判别。

第二节　国土空间规划决策方法与大数据技术法

一、国土空间规划决策方法

（一）空间决策支持系统

决策支持系统（Decision Support System，简称 DSS）是在管理信息系统（Management Information System，简称 MIS）基础上增加了模型库及其管理系统，借助计算机技术，运用数学方法、信息技术和人工智能为管理者提供了分析问题、构建模型、模拟决策过程及评价最终效果的决策支持环境，由人机界面、数据库及其管理系统、模型库及其管理系统三单元结构组成。随着支撑科学理论的不断发展与进步，决策支持系统集合了专家系统、遗传算法、神经网络等技术，将原有的三单元结构加以完善，逐渐添加方法库、知识库及其各自的管理系统，使决策支持更加智能。但决策支持系统有一个非常明显的弱点，即不能处理具有空间特征的数据，因此，将 GIS 和 DSS 相结合，形成空间决策支持系统是国土空间规划的一大技术保障。

1. 国土空间规划决策支持系统实现方式

一般认为，国土空间规划的计算机辅助决策支持一般有以下三种方式。

（1）数据形式的决策支持

数据是事物的特征和状态的数量化表现。在国土空间规划中涉及大量的空间数据、属性数据和统计数据，如何利用这些数据快速、高效提取规划信息，这是辅助决策支持的首要问题。

（2）模型和方法形式的决策支持

人们为了描述事物的变化规律建立了大量的模型和方法，用它们去辅助决策，就是按事物的发展规律来实现决策过程。国土空间规划的方法和模型大多可利用计算机实现，这样结合 GIS 的空间分析功能，提供辅助决策支持。

（3）知识主导形式的决策支持

在建立模型库和方法的基础上，建立知识库推理机制，结合人机交互系统（决策者参与决策过程），最终形成决策方案。

上述三种方式中，数据形式的决策支持是一种最基本的辅助决策支持方式；知识主导形式的决策支持是为最高层次的辅助解决支持方式，是将来的发展方向；模型和方法形式的决策支持是目前空间决策支持系统研究工作的重点。

2. 国土规划空间决策支持系统的开发

（1）系统分析

系统分析须采用系统工程的方法，进行需求分析和可行性分析。结合项目的实际情况进行综合分析，制订各种可行方案，为系统设计提高依据。在需求分析中总的来说有以下三个问题：①要明确国土空间规划的工作流程以及规划所需的各种功能要求；②要明确系统开发时间的要求；③对系统开发费用的要求。此后，进行可行性分析并提出方案。从大的方面来说，空间决策支持系统要求将 GIS 与 DSS 相结合，根据功能、时间和经费的不同要求系统有三种方案：完全一体化、模块化的紧密结合以及模块间的松散结合。完全一体化虽然有利于功能简单操作，但需要较高的费用和较长的时间；松散结合型时间较短，许多功能通过购买通用软件实现，但许多软件费用较高，而且用户需要很长的时间才能掌握系统的使用；紧密结合型则是介于前两者之间，具有一体化的特征，同时又避免了松散结合型的一些缺点。系统可通过 GIS 的组件结合 DSS 工具进行开发。

（2）系统设计

系统设计一般要遵循下列原则：①科学性。系统尽可能采用新思想、新技术。在数据库设计、系统功能设计方面要重定考虑严格的数据质量，科学、清晰的结构与组织，为满足决策分析的需求，确保系统运行的稳定。②实用性。要求系统结构简洁，操作方便，界面友好。③规范性。要求系统与国内其他数据库能很好地接轨，系统设计遵循统一、规范的信息编码和坐标系统、规范的数据精度和符号系统。④可扩充性。增强系统的兼容性，方便系统将来的扩充的移植。

（3）系统实现

系统的实现包括各子系统的简历和系统的整体集成。数据库管理系统可考虑应用现有的 GIS 数据库系统；模型库系统一般利用程序设计语言自行进行设计与开发；地理数据分析系统可利用 GIS 软件所提供的接口进行开发。人机交互系统要实现与其他子系统的存取接口、良好的界面，并嵌入集成式的 DSS 语言支持。集成后的系统须经过系统测试与评价，以发现和解决问题，最终形成决策支持系统。

（二）空间决策博弈方法

决策者（国土空间利用利益相关者）在国土空间利用过程中做出的决策行为直接或间接地影响了国土空间的结构、布局与质量。因此，空间决策问题的研究，对于优化自然资源配置，推动国土空间利用方式由粗放型向集约型转变，实现社会效益、经济效益和生态效益协调发展具有十分重要的意义。从决策理论的角度来看，也存在着“目标是否合理，方案是否可行，代价是否最小，副作用是否最小”的问题，而博弈论是解决决策问题的方法之一，因此，空间决策行为可以尝试用博弈论的方法来进行研究。与传统的经济学中分析个人决策相比，博弈论的优势是将他人的选择作为一个变量加入分析个人选择的效用函数里，同时考虑个人的选择行为对这个变量的影响。

二、空间模拟与仿真技术

（一）系统动力学

规划的动态模拟需以连续性的模型来实现，系统动力学模型可以较好地进行模拟。系统动力学（System Dynamics，SD）模型是建立在控制论、系统论和信息论基础上，研究因果关系网络分析结构中，反馈系统结构、功能以及动态行为的一类模型。其突出特点是能够反映复杂系统结构、功能与动态行为之间的相互作用关系，处理非线性的多重反馈问题，对复杂系统进行动态的模拟，提供决策支持，而不再完全依赖土地利用历史时间序列。

1. 定义系统

定义系统就是确定规划动态模拟要解决的问题和发展的目标。通过对规划方案的初步分析，预测规划系统可能出现的期望状态，然后分析规划系统的有关特征，最后确定系统的问题，并描述出与问题有关的状态，以及估计问题产生的范围与边界、选择适当的变量。

2. 分析因果关系

系统动力学是把研究的对象作为系统来处理的，根据反馈动力学的原理，把反馈环看成是系统的基本组件。多个反馈环的组合构成了复杂系统。在与外界的相互作用以及内部各要素之前的作用，系统总处于不断变化之中，系统动力学通过因果关系图分析系统各要

素之间作用的因果关系。因果关系的分析将系统的要素通过箭头表示，然后根据系统边界诸要素间的因果关系形成反馈环。

3. 建立系统流图

系统动力学模型流图包括流位（系统内部的定量指标）、流率（描述系统实体在单位时间内的变化率）、流线（表示对系统的控制方式）和决策机构（由流位传来信息所确定的决策函数）等。

4. 构造方程与运行模型

根据系统的对应关系构造符合时空变化的方程，然后利用计算机仿真语言，将系统动力学模型转化成系统的仿真模型。

5. 结果分析

借助计算机软件，输入对应参数以及相关控制语句运行模型，得出结果。再对结果进行分析，若存在错误或缺陷可对模型进行修正，直到得到满意的结果。

（二）多智能体系统

多智能体系统是多个智能体组成的集合，它的目标是将大而复杂的系统建设成小的、彼此互相通信和协调的、易于管理的系统。ABM 是一种“自下而上”的微观模型，是一类模拟自治智能体的行为和相互作用以期评估它们对整个系统的影响的计算模型，结合了博弈论、复杂系统、突现论、计算社会学、多智能体系统和进化规划等元素。究其本质，ABM 能被视作一种确定个体团体行为的可能的系统级结果的方法。ABM 既支持确定性层次模型的建立，又支持整体系统（其中，多层次随机规则以不可约的方式协同工作，产生整个系统级的结果）的创建。例如，ABM 可以表达多层次系统中的反馈，高层的智能体和低层的智能体同时影响和限制彼此。大多数 ABM 模型包含：①多尺度的数个智能体；②决策方法；③学习规则和适应过程；④相互作用的拓扑结构；⑤环境。

ABM 关注的是城市空间系统中大量智能体之间的关系与交互，可通过模拟异质性的个体决策者的社会经济以及空间行为来表达宏观空间结构的总量特征，体现从不稳定中产生秩序规律。ABM 可以使用机器学习算法来模拟智能体的有限理性行为、某些非线性的因素，例如，政策法规等的影响也可以显化在模拟中。因此，ABM 的研究要对土地利用变化的决策者建立微观行为模型，通过观察微观智能体与系统之间及智能体之间的交互作用，来研究系统层面整个区域的城市空间的演化过程，在国土空间规划的复杂模拟中，可以建立通过社会、经济、政策等因子反映不同类型智能体的决策偏好，并为不同类型的智能体定义行为以实现智能体之间、智能体与环境之间的交互。

三、国土空间规划大数据技术方法

（一）国土空间大数据采集技术

大数据是一个宽泛的概念，具有丰富的内涵，目前尚无统一定义，但这并不影响人们对其研究与应用的热情。高德纳公司将大数据定义为需要新处理模式才能具有更强的决策力、洞察发现力和流程优化能力的海量、高增长率和多样化的信息资产。

随着科学技术的发展，大数据在国土空间领域也有着越来越多的运用。研究国土空间大数据的关键技术中，最为基本的也是次序最先的技术是大数据采集技术。在生产经营、国土管理以及相关业务交互等活动中产生了文本、图像、视频、传感器、社会经济环境属性数据、空间地理信息等海量结构类型不尽相同的数据，分为结构化、半结构化及非结构化数据。如何有效地从众多不同的信息源里高效地采集数据是大数据采集技术的焦点，常用的大数据采集技术工具有 Hadoop、网络爬虫、API 或者 DPI 等技术。

Hadoop 是一个由 Apache 基金会所开发的分布式系统基础架构，用户可以在不了解分布式底层细节的情况下开发分布式程序，通过充分运用集群系统的威力进行高速运算和大量存储。

网络爬虫又被称为网页蜘蛛、网页追逐者，是一种按照一定规律自动抓取网页信息的程序或脚本。由于互联网信息数据量巨大，且存在重复现象，为了解决这些问题，定向抓取相关网页资源，获取目标信息，使得网络爬虫技术应运而生。对于企业生产经营数据或学科研究数据等保密性高的数据，可以通过与企业或研究机构合作，使用特定系统接口等相关方式采集数据。

API（Application Programming Interface，应用程序编程接口）是一些预先定义的函数，目的是让开发者在无须访问源码或理解内部工作机制细节的情况下，调用他人共享的功能与资源。对于网络流量的采集则可以使用 DPI 或者 DFI 等带宽管理技术。

（二）国土空间大数据处理技术

经过各种手段采集到的多源异构数据在进行分析利用之前还要进行预处理工作，这时对数据的清理和整合工作就十分重要。国土空间大数据的清理与整合的目标是使用合理的方式，将各种结构类型的国土空间数据处理并形成可以利用的数据库和数据集。

首先，进行数据抽取，将国土空间活动产生的不同结构和类型数据转化为统一的、便于处理和识别的数据类型和结构。提取完成数据源中要进行分析处理的数据，但是所采集的数据中并不是都有价值的，要将不需要的内容进行“数据清洗”，即通过设计一些过滤

器，将无用的数据筛选并过滤出去，提取有效数据。将多源信息整合时，还要考虑到因地域、时空等因素造成的数据差异而引起的不稳定性，进而更准确地支持国土空间数据的分析管理。

随着国土空间数据的不断增加，要按照数据的不同类型和结构对其进行分类储存和管理，并具有很强的可扩展性以满足需求。相较于以往小范围小容的处理方式，对国土空间大数据的储存要求高吞吐量和利用新的存储架构、文件系统，并研究利用 No SQL 数据库为大数据管理设计新型的数据管理技术。同时，针对特定的数据要设计特殊的数据库以提升数据的高效与实用性。通过 PC Server 上搭建大规模的存储集群，运用 HBase 等技术来解决国土空间中不同结构的数据管理问题，也可利用云计算中虚拟化技术将各类资源虚拟化成资源池来实现数据的统一分析与处理。最后，国土空间大数据的储存还要满足多种多源异构数据的兼容、集成和维护以达到对海量数据的有效存储与管理。

经过预处理阶段，要真正通过分析数据，对数据进行处理建模等活动，利用数据分析、数据挖掘来获取国土空间大数据的内涵。数据分析、数据挖掘就是从大量的、有噪声的、模糊随机的实际应用数据中，提炼出蕴含其中潜在有用的信息和知识，辅助决策管理等活动的过程。

（三）国土空间大数据规划应用

与传统数据挖掘类似，大数据应用包括两个方面目标：①面向过去，发现潜藏在国土空间大数据表面之下的历史规律或模式，称为描述性分析（Descriptive Analysis）；②面向未来，对未来趋势进行预测，称为预测性分析（Predictive Analysis）。把大数据分析的范围从“已知”拓展到了“未知”，从“过去”走向“将来”，这是大数据真正的生命力和“灵魂”所在。同样地，将大数据与空间规划结合起来，主要包括两个方面：第一，对现有国土空间利用评价与规律总结；第二，对未来国土空间更加科学、合理、高效利用的管理进行优化。国土空间大数据将在这两个方面突破传统方法形成的基本认识与理解。

1. 国土空间用地指标预测

传统的土地规划重点关注的是建设用地指标分配与空间布局，这是一种以地为中心的规划模式。大数据将能够清楚获知人对土地的需求与相应的行为特征，这样利用国土空间大数据，则有利于建立“以人为中心”的规划模式。例如，在土地数量需求预测上，就可以利用手机信令数据或百度热力图等大数据，获取任何区域瞬时累积的人流量，再结合主要环境指标的最大容限值，从而准确判断土地的现实承载状况，进而合理预测土地需求量。

2. 国土空间发展质量评价

国土空间发展质量评价是国土利用现状评价的重要内容，目的是为土地合理利用决策提供科学依据，重点关注不同土地利用对象的空间分布现状及利用潜力的综合分析，传统的评价主要基于统计资料和土地利用数据构建指标体系来进行城市宏观层面统计性评估，对于微观层面的城市主体对建成环境的感知或满意度有所忽略，较难客观反映城市空间综合发展质量。在大数据支持下，结合传感器、手机和 App 以及微博签到数据，反映个体对国土空间发展质量的感知。

3. 国土空间发展预测与优化

在预测城市用地空间布局与划定扩展边界方面，我们可以结合居民住房的区位选择大数据揭示的居住行为规律、居民智能公交刷卡大数据和手机信令数据反映的出行行为规律、开发商拿地大数据揭示的开发行为规律等。通过各类行为空间的叠加，建立空间模拟模型，再结合土地管理部门手中的土地大数据反映的区域资源环境限制信息，可以准确预测城市未来开发的重点方向与重点区域，从而优化配置土地利用空间结构和相应的公共服务与基础设施配套，辅助划定城市开发边界。另外，通过网购消费行为大数据的挖掘，可以判断和预测居民消费结构的变化规律，从而可以与土地利用功能分区与空间配置结合起来，在规划中合理配置工业、仓储、商业等不同土地利用类型结构。

4. 国土空间规划公众参与

通过发布 App 移动客户端或者社交媒体网络，可以实现第三方主动关注和参与国土空间规划建设和管理，提高公众参与的效果。另外，通过社会舆情、网络点评、社交网络签到等数据的挖掘和分析，来研究国土空间结构、中心体系等，从而为规划的方案提供决策依据。

第三章 城市规划与设计

城市规划是一项科学性、综合性、专业性极强的工作，涉及政治、经济、文化和社会生活等各个方面，是国民经济建设的重要组成部分。现代城市发展的不确定性、人类居住环境的复杂化，产生了城市规划设计理念并得到不断发展。城市规划设计理念是关于一个城市较长时期内的战略性发展指导，其任务一是确定城市的发展方向、城市性质和城市的发展规模；二是综合部署城市各组成部分的用地，对工业、交通、住宅、商业、公共事业、基础设施等进行合理的组织和布局。城市规划设计是约束城市规划的重要学科，对城市规划和城市的发展起着至关重要的作用。

第一节 现代城市设计的基本原理与方法

一、城市设计的要素与类型

（一）城市设计要素

在城市设计领域中，“城市中一切看到的东西，都是要素”。建筑、地段、广场、公园、环境设施、公共艺术、街道小品、植物配置等都是具体的考虑对象。作为城市设计的研究，其基本要素一般可以概括为以下方面：土地使用、建筑形态及其组合、开敞空间、步行街区、交通与停车、保护与改造、城市标志与小品、使用活动等。

1. 土地利用

土地使用决定了城市空间形成的二维基面，影响开发强度、交通流线，关系到城市的效率和环境质量。作为空间要素，考虑土地使用设计时要注意到：①土地的综合使用；②自然形体要素与生态环境保护；③基础设施建设的重要性。

2. 建筑形态及其组合

建筑及其在城市空间中的群体组合，直接影响着人们对城市空间环境的评价，尤其是对视觉这一感知途径。要注重建筑及其相关环境要素之间的有机联系。

3. 交通与停车

交通是城市的运动系统，是决定城市布局的要素之一，直接影响城市的形态和效率。停车属于静态交通，提供足够的且具有最小视觉干扰和最大便捷度的停车场位，是城市空间设计的重要保证。

4. 开敞空间

开敞空间指城市公共外部空间（不包括隶属于建筑物的院落），包括自然风景、硬质景观（如特色街道）、广场、公共绿地和休憩空间，可达性、环境品质及品位、与城市步行系统的有机联系等是影响开敞空间质量的重要因素。

5. 步行街区

步行系统包括步行商业街、林荫道、专用步行道等，人行步道是组织城市空间的重要元素。要保障步行系统的安全、舒适和便捷。

6. 城市标志和小品

标志分为城市功能标志和商业广告两类。功能标志包括路牌、交通信号及各类指示牌等；商业广告是当今商品社会的产物。从城市设计角度来看，标志和小品基本是个视觉问题。二者均对城市视觉环境有显著影响。根据具体环境、规模、性质、文化风俗的不同综合考虑标志和小品的设计。

7. 保存与改造

城市保护是指城市中有经济价值和文化意义的人为环境保护，其中，历史传统建筑与场所尤其值得重视。城市设计中首先应关注作为整体存在的形体环境和行为环境。

8. 使用活动

使用行为与城市空间相互依存，城市空间只有在功能、用途使用活动等的支持下才具有活力和意义。同样，人的活动也只有得到相应的空间支持才能得以顺利展开。空间与使用构成了城市空间设计的又一重要因素。

各个设计要素之间不是独立的，在进行城市设计时，要综合考虑各个要素的组织和联系，使之成为有机的整体。

（二）城市设计实践类型

从城市设计实践方面来说，可以将城市设计大致分为三种类型：开发型、保存与更新型和社区型。

1. 开发型城市设计

此类城市设计是指城市中大面积的街区和建筑开发，建筑和交通设施的综合开发，城

市中心开发建设及新城开发建设等大尺度的发展计划。其目的在于维护城市环境整体性的公共利益，提高市民生活的空间品质。通常由政府组织架构实施。

2. 保存与更新型城市设计

保存与更新型城市设计通常与具有历史文脉和场所意义的城市地段相关，强调城市物质环境建设的内涵和品质。根据城市不同地段所要保护与更新的内容不同，又有历史街区、老工业区、棚户区等具体项目。不同项目存在的问题不同，保护更新的方式方法则不同。要具体项目具体分析，因地制宜地解决问题。

3. 社区型城市设计

社区型城市设计主要指居住社区的城市设计。这类城市设计更注重人的生活要求，从居民的切身需求出发，营造良好的社区环境，进而实现社区的文化价值。

二、城市设计的内容与成果

（一）总体规划阶段的城市设计

1. 总体城市设计的目标及原则

①总体城市设计是研究城市整体的风貌特色。对城市自身的历史、文化传统、资源条件和风土人情等风貌特色进行挖掘提炼，组织到城市发展策略上去，创造出鲜明的城市特色。

②宏观把握城市整体空间结构形态、竖向轮廓、视线走廊、开放空间等系统要素，对各类空间环境包括居住区、产业区、中心区等城市重点地区进行专项塑造，形成不同区域的环境特色。对建筑风格、色彩、环境小品等各类环境要素要提出整体控制要求。

③构筑城市整体社会文化氛围，全面关注市民活动，组织富有意义的行为场所体系，建立各个场所之间的有机联系，发挥场所系统的整体社会效益。

④研究城市设计的实施运作机制。

2. 总体城市设计的基础资料

（1）地形图

特大城市、大城市、中等城市地图比例宜采用1∶10 000～1∶25 000，小城市、镇的地图比例宜采用1∶2000～1∶5000。

（2）城市自然条件

自然条件包括城市气象、水文、地形地貌、自然资源等方面。

（3）城市历史资料

其包括城市历史沿革；具有意义的场所遗址的分布和评价；城市历史、军事、科技、文化、艺术等方面的显著成就，重要历史事件及其代表人物；历史文化名城的保护状况。

（4）城市空间环境与景观资料

城市结构和整体形态特征，各项用地的布局、容量、空间环境特征；城市现状具有特色的天际轮廓线及从历史和城市整体角度出发应恢复和重点突出的天际轮廓线；城市现状主要景观轴、景区、景点的分布及景观构成要素特征；反映城市文脉和特色的传统空间，如传统居住区、商业区、广场、步行街及其他历史街区的形态特征和保护、控制要求；城市建筑风格和城市色彩；城市园林绿地系统现状，景观绿地分布和使用情况；城市交通系统组织方式，步行空间、开放广场的分布；城市地下空间利用现状及开发潜力；城市基础设施布局；城市环境保护现状及治理对策。

（5）社会资料

城市人口构成及规模；城市中市民活动的类型、强度与场所特征；反映城市特色的社会文化生活资料；城市风俗民情。

3. 总体城市设计主要内容

（1）城市风貌特色

城市风貌特色设计城市风格、建筑风格、自然环境、人文特色等方面，重点分析其资源特点，提出整体设计准则。

（2）城市景观

①城市形态：根据自然环境特色及城市历史发展的沉淀，在现有规划的基础上，构筑城市空间形态特色。包括自然条件特征的运用；城市历史文化特色的保护与发展；城市空间形态的意义处理。

②城市轮廓：利用地形条件，处理好城市空间布局、建筑高度控制、景观轴线和视线组织等方面的关系，结合地形特征、建筑群与其他构筑物等方面内容，创造城市良好的天际轮廓线；布置好建筑高度分区，提出标志性建筑高度要求，对重要视线走廊范围内建筑高度、形式、色彩等的规划要求，提出重要标志物周围建筑高度、特色分区的控制原则；合理组织重要的景点、观景点和视线走廊，通过限制建筑物、构筑物的位置、高度、宽度、布置方式，保证城市景点的景观特色。

③城市建筑景观：在分析城市现状建筑景观综合水平的基础上，提出民用建筑、公共建筑和工业建筑在建筑风格、色彩、材质等方面的设计原则。

④城市标志系统：对标志物、标志性建筑和标志性城市空间环境等进行研究，提出标志系统的框架和主要内容。

(3) 城市开放空间

①城市公园绿地：对现有的公园绿地空间进行系统分析，从公共空间和场所意义角度进行评价，确定发展目标，结合城市性质和功能提出发展对策和控制引导措施。

②城市广场：组织好城市中心广场，确定主要广场的性质、规模、尺度、场所意义特征。

③城市街道：整体街道空间的布局结构和功能组织；城市步行街、步行街区系统的组织；街道建筑物、构筑物、绿地等要素的景观效果。

(4) 城市主要功能区环境

对城市居住区、中心区、历史文化保护区、旅游度假区、产业区等主要功能区进行特色、风格和环境等方面的具体研究和引导。

4. 总体城市设计成果要求

(1) 设计文本

总体城市设计成果文件包括文本和附件，说明书和基础资料收入附件。文本是依照各项设计导则提出的规定性要求的文件。说明书包括理论基础、研究方法、基础资料分析、环境质量评价、设计目标、设计原则、对策与设施等内容。基础资料包括城市自然环境、人文景观、人文活动等城市设计相关要素的系统调查成果。

(2) 设计图纸

包括城市空间结构规划图、城市景观结构规划图、城市特色意向规划图、城市高度分区规划图等在内的城市各个系统的规划设计图；设计导则的配套分析说明图；重点区域形体设计方案示意。图纸比例一般与城市总体规划比例一致，宜为1∶5000~1∶20 000。

(二) 详细规划阶段城市设计

1. 详细规划阶段城市设计的主要任务

①以总体城市设计为依据，对重点地区在整体空间形态、景观环境特色及人的活动进行综合设计。

②重点对用地功能、街区空间形态、景观环境、道路交通、开敞空间等做出专项设计。

③与城市分区规划、控制性详细规划紧密协调，形成规划管理依据。

2. 详细规划阶段城市设计的主要内容

(1) 总体形态特征

包括总体用地布局、功能分区、风貌特色。

（2）空间结构分析

包括空间轴线、节点、特色区域的规划；城市广场、步行街、公园绿地等开放空间系统的规划；城市肌理、标志建筑等建筑形态设计。

（3）景观设计

延续总体城市设计的景观特征，确定景观轴线、边界、视廊、天际轮廓线的综合控制；提出开放空间中的城市广场、步行街、公园绿地的边界、形式、风貌、退让等设计要求；对城市街景立面的规划设计提出引导。

（4）环境设计

根据地段内部环境特征，对绿化配置、整体铺装提出要求；对环境设施、照明设施、环境小品、无障碍设计提出总体设想和要求。

（5）建筑控制

规划地区的用地强度、建筑高度分区；对建筑体量、退让、风格、色彩等内容提出设计要求。

详细规划阶段的城市设计任务是在总体城市设计框架的基础上，对城市重点片区、重点地段进行更为详细的设计。其中设计用地规模越大，越接近中观尺度的城市片区，通常包括总体形态特征、交通系统组织、重点地段设计、景观控制、实施开发等内容；反之，城市用地规模越小，越接近微观的城市地段，则成果的控制性特征越明显，精细程度加强，增加环境控制和建筑控制的内容。

3. 详细规划阶段城市设计成果要求

（1）城市设计文本

对规划地区的城市设计内容做出相应的文字成果表述。核心成果部分可直接融入相应的法定规划，尤其是控制性详细规划的相应内容。城市设计过程的相关内容如现状调查、数据整理、设计过程等可采用附件或说明的方式附于其后。

（2）城市设计图纸

主要包括功能分区规划图、交通组织规划图、开敞空间规划图、景观系统规划图、重点地段节点设计图等，图纸比例与相应的详细规划比例一致。

（3）城市设计导则

以条文和图表的形式表达城市设计的目标与原则，体现城市设计的空间控制与相关要求。通常情况下，为了保障城市设计成果的事实，与控制性详细规划一同编制城市设计成果，并将设计导则的内容纳入控规分图图则中，形成包括城市设计要求的控规图则。

第二节　区域与城乡总体规划

一、城市化概论

由于生产力水平和交通运输方式的制约，近代以前的城市化是一个极其缓慢的过程，工业革命的到来意味着真正城市化阶段的到来，城市化的进程大大加快，从发达国家开始，进而波及其他发展中国家，将全球带入城市化世界。

（一）城市化的含义

社会学家认为，城市化是一个城市生活方式的发展过程，它意味着人们不断被吸入城市中，被纳入城市的生活组织中，而且随着城市的发展，城市生活方式将被不断强化。

人口学家认为，城市生活方式的扩大是人口向城市集中的结果。城市化过程就是人口向城市集中的过程。这个过程有两种方式：一是人口集中场所（即城市地区）数量的增加；二是每个城市地区人口规模的不断增加。

从经济学的角度来看，城市生活方式是一种以非农产业生产为基础的生活方式，人口向城市集中是为了满足第二产业和第三产业对劳动力的需求而出现的。因此，城市化是由经济专业化的发展和技术的进步，人们离开农业活动向非农业活动转移并产生空间集聚的过程。

从地理学角度来看，第二、第三产业向城市集中就是非农部门的经济区位向城市集中，人口向城市集中是劳动力和消费区位向城市集中。这一过程包括已有城市向外扩展，以及在农业区甚至未开发区形成新的城市，也包括城市内部已有的经济区位向更集约的空间配置和更高效率的城市结构形态的发展。

城市化过程是一个影响极为深广的社会经济变化过程。它既有人口和非农活动向城市的转型、集中、强化和分异，以及城市地域景观的地域推进等人们看得见的实体变化过程，也包括了城市的经济、社会、技术变革在城市等级体系中的扩散并进入乡村地区，甚至包括从城市文化、生活方式、价值观念等向乡村地域扩散较为抽象的精神上的变化过程。

总之，城市化的含义是人类工业社会时代，社会经济发展中农业活动的比重逐渐下降和非农活动的比重逐渐上升的过程。与这种经济结构的变动相适应，出现了乡村人口的比重逐渐降低和城市人口比重稳步上升，居民点的物质空间环境和人们的生活方式逐渐向城市型转化或强化的过程。

（二）城市化的动力机制

城市化的发生与发展遵循着共同的规律，即受农业发展、工业化和第三产业崛起等三大力量的推动与吸引。

1. 农业发展是城市化的初始动力

城市化进程本身就是变落后的乡村社会和自然经济为先进的城市社会和商品经济的历史过程，它总是在那些农业分工完善、农村经济发达的地区兴盛起来，并建立在农业生产力发展到一定程度的基础之上。农业发展是城市化的初始动力，主要表现在：

①为城镇人口提供粮食。

②为城市工业提供资金的原始积累。

③为城市工业生产提供原料。

④为城市工业提供市场。

⑤为城市发展提供劳动力。

2. 工业化是城市化的根本动力

无论近代还是现代，工业化导致了人口向城市集聚。这已成为一个国家城市化进程中至关重要的激发因素，是城市化的根本动力。在工业化过程中，由于其自身规律所驱使，导致了不可逆转的人口与资本向城市集聚的倾向。

3. 第三产业是城市发展的后续动力

随着工业化国家产业结构的调整，第三产业开始崛起，并逐渐取代工业而成为城市产业的主角，第三产业是城市发展的后续动力主要表现在两个方面：一是生产性服务的增加，高度发达的社会化大生产要求城市提供更多更好的服务性设施；二是消费性服务的增加，随着收入的提高和闲暇时间的增多，人们开始追求更为丰富多彩的物质消费与精神享受。这些都促进了城市第三产业的蓬勃发展，并带来就业机会和人口的增加。

二、区域规划概论

（一）区域规划的基本概念及分类

1. 区域规划的基本概念

区域规划是一项具有综合性、战略性和政策性的规划工作。它是指在一个特定的地区范围内，根据国土空间规划、国民经济和社会发展规划、区域的自然条件及社会经济条件，对区域的工业、农业、第三产业、城镇居民点，以及其他各项建设事业和重要工程设

施进行全面的发展规划，并做出合理的空间配置，使一定地区内社会经济各部门和各分区之间形成良好的协作配合，城镇居民点和区域性基础设施的网络更加合理，各项工程设施能够有序地进行，从战略意义上保证国民经济和社会的合理发展和协调布局，以及城市建设的顺利进行。简而言之，区域规划是在一个地区内对整个国土空间规划、国民经济和社会发展规划进行总体的战略部署。

2. 区域规划的分类

根据区域空间范围、类型、要素的不同，可以将区域规划划分为以下三种类型。

（1）国土规划

国土规划由国家级、流域级和跨省级三级规划和若干重大专项规划构成国家基本的国土规划体系。它的目的是确立国土综合整治的基本目标；协调经济、社会、人口资源、环境诸方面的关系，促进区域经济发展和社会进步。

（2）都市圈规划

都市圈规划是以大城市为主，以发展城市战略性问题为中心，以城市或城市群体发展为主体，以城市的影响区域为范围，所进行的区域全面协调发展和区域空间合理配置的区域规划。

（3）县（市、区）域规划

它是以城乡一体化为导向，在规划目标和策略上以促进区域城乡统筹发展和区域空间整体利用为重点，统筹安排城乡空间功能和空间利用的规划。

（二）区域规划的类型

依据不同的分类方法，可以把区域规划划分为各种不同的类型。

1. 按规划区域属性分类，通常把区域分成如下四类。

（1）自然区

自然区是指自然特征基本相似或内部有紧密联系、能作为一个独立系统的地域单元。它一般是通过自然区划，按照地表自然特征区内的相似性与区际差异性而划分出来的。每个自然区内部，自然特征较为相似，而不同的自然区之间，则差异性比较显著。如流域规划、沿海地带规划、山区规划、草原规划等。

（2）经济区

经济区是指经济活动的地域单元。它可以是经过经济区划划分出来的地域单元，也可以是根据社会经济发展和管理的需要而划分出来的连片地区。如珠三角经济区规划、长三角经济区规划、经济技术开发区规划等。

（3）行政区

行政区是为了对国家政权职能实行分级管理而划分出来的地域单元。如市域规划、县域规划、镇域规划等。

（4）社会区

社会区是以民族、风俗、文化、习惯等社会因素的差别，按人文指标划分的地域单元。如革命老区发展规划等。

2. 按照区域规划内容不同，可以分为发展规划和空间规划。

（1）发展规划

以区域国民经济和社会发展为核心，重点考虑发展的框架、方向、速度和途径，不关心空间定位，对发展目标和措施的空间落实只做粗略的考虑。

（2）空间规划

强调地域空间的发展和人口的城市化，空间布局问题，以城镇体系规划为代表，市县域的城镇体系规划更多地与城市规划相衔接，属于典型的区域空间规划。

（三）区域规划内容

区域规划是描绘区域发展的远景蓝图，是经济建设的总体部署，涉及面十分广，内容庞杂，但规划工作不可能将有关区域发展和经济建设的问题全部包揽起来。区域规划的内容归纳起来，可概括为如下六个主要方面。

1. 发展战略

区域经济发展战略包括战略依据、战略目标、战略方针、战略重点、战略措施等内容。区域发展战略既有经济发展战略，也有空间开发战略。

制定区域经济总体发展战略通常把区域发展的指导思想、远景目标和分阶段目标、产业结构、主导产业、人口控制指标、三大产业大体的就业结构、实施战略的措施或对策作为研究的重点。

规划工作中有三个重点。

（1）确定区域开发方式

如采用核心开发方式、梯度开发方式、点-轴开发模式、圈层开发方式等。开发方式要符合各区的地理特点，从实际出发。

（2）确定重点开发区

重点开发区有多种类型，有的呈点状（如一个小工业区），有的呈轴状（如沿交通干线两侧狭长形开发区）或带状（如沿河岸分布或山谷地带中的开发区），有的呈片状（如

几个城镇连成一块的开发区）等。有的开发区以行政区域为单位，有的开发区则跨行政区分布。重点开发区的选择与开发方式密切相关，互相衔接。

（3）制定区域开发政策和措施

着重研究实现战略目标的途径、步骤、对策、措施。

2. 布局规划

区域产业发展是区域经济发展的主要内容，区域产业布局规划的重点往往放在工农业产业布局规划上。

合理配置资源，优化地域经济空间结构，科学布局生产力，是区域规划的核心内容。区域规划要对规划区域的产业结构、工农业生产的特点、地区分布状况进行系统的调查研究。要根据市场的需求，对照当地生产发展的条件，揭示产业发展的矛盾和问题，确定重点发展的产业部门和行业，以及重点发展区域。规划中要大体确定主导产业部门的远景发展目标，根据产业链的关系和地域分工状况，明确与主导产业直接相关部门发展的可能性。与工农业生产发展紧密相关的土地利用、交通运输和大型水利设施建设项目，也常常在工农业生产布局规划中一并研究，统筹安排。

3. 体系规划

城镇体系和乡村居民点体系是社会生产力和人口在地域空间组合的具体反映。城镇体系规划是区域生产力综合布局的进一步深化和协调各项专业规划的重要环节。由于农村居民点比较分散，点多面广，因此，区域规划多数只编制城镇体系规划。

研究城镇体系演变过程、现状特征，预测城镇化发展水平。城镇体系规划的基本内容包括：

①拟定区域城镇化目标和政策。

②确定规划区的城镇发展战略和总体布局。

③确定各主要城镇的性质和方向，明确城镇之间的合理分工与经济联系。

④确定城镇体系规模结构，各阶段主要城镇的人口发展规模、用地规模。

⑤确定城镇体系的空间结构，各级中心城镇的分布，新城镇出现的可能性及其分布。

⑥提出重点发展的城镇地区或重点发展的城镇，以及重点城镇近期建设规划建议。

⑦必要的基础设施和生活服务设施建设规划建议。

4. 基础设施

基础设施是社会经济发展现代化水平的重要标志，具有先导性、基础性、公用性等特点。基础设施对生产力和城镇的发展与空间布局有重要影响，应与社会经济发展同步或者超前发展。

基础设施大体上可以分为生产性基础设施和社会性基础设施两大类。生产性基础设施是为生产力系统的运行直接提供条件的设施，包括交通运输、邮电通信、供水、排水、供电、供热、供气、仓储设施等。社会性基础设施是为生产力系统运行间接提供条件的设施，又称为社会服务事业或福利事业设施，包括教育、文化、体育、医疗、商业、金融、贸易、旅游、园林、绿化等设施。

区域规划要在对各种基础设施发展过程及现状分析的基础上，根据人口和社会经济发展的要求，预测未来对各种基础设施的需求量，确定各种设施的数量、等级、规模、建设工程项目及空间分布。

5. 土地利用

准确地确定土地利用方向，组织合理的土地利用结构，对各类用地在空间上实行优化组合并在时间上实行优化组合的科学安排，是实现区域战略目标，提高土地生产力的重要保证。

土地利用规划应在土地资源调查、土地质量评价基础上，以达到区域最佳预期目标的目的，对土地利用现状加以评价，并确定土地利用结构及其空间布局。

土地利用规划可突出三种要素：枢纽、联线和片区。枢纽起定位作用；联线既是联结（如枢纽之点的联结），又是地域划分（如片区的划分）的构成要素；片区则是各类型功能区的用地区划（如经济开发区、城镇密集区、生态敏感区、开敞区、环境保护区等）。

区域规划中土地利用规划的内容如下。

①土地资源调查和土地利用现状分析。

②土地质量评价。

③土地利用需求量预测。

④未来各类用地布局和农业用地、园林用地、林业用地、牧业用地、城乡建设用地、特殊用地等各类型用地分区规划。

⑤土地资源整治、保护规划。

6. 发展政策

区域政策可以看作是为实现区域战略目标而设计的一系列政策手段的总和。政策手段大致可以分为两类：一类是影响企业布局区位的政策，属于微观政策范畴，如补贴政策、区位控制和产业支持政策等；另一类是影响区域人民收入与地区投资的政策，属于宏观政策范畴，可用以调整区域问题。

区域规划的区域发展政策研究，侧重于微观政策研究，并且要注意区域政策与国家其他政策相互协调一致，避免彼此间的矛盾。

三、城镇体系规划

（一）城镇体系的概念和城镇体系规划的类型

1. 城镇体系的概念

任何城市都不是孤立存在的。为了维持城市的正常活动，城市与城市之间、城市与外部区域之间总是在不断地进行着物质、能量、人员、信息的交换与相互作用。正是这种相互作用，才能把彼此分离的城市结合为具有结构和功能的有机整体，即城镇体系。城镇体系是指在一个相对完整的区域或国家中，有不同职能分工、不同等级规模、空间分布有序的联系密切、相互依存的城镇群体，简而言之，是一定空间区域内具有内在联系的城镇聚合。

城镇体系是区域内的城市发展到一定阶段的产物。一般要具备以下条件。

①城镇群内部各城镇在地域上是邻近的，具有便捷的空间联系。

②城镇群内部各城镇均具有自己的功能和形态特征。

③城镇群内部各城镇从大到小、从主到次、从中心城市到一般集镇，共同构成整个系统内的等级序列，而系统本身又是属于一个更大系统的组成部分。

2. 城镇体系规划的类型

城镇体系规划是指一定地域范围内，以区域生产力合理布局和城镇职能分工为依据，确定不同人口规模等级和职能分工的城镇分布和发展规划。其规划的主要目标是解决体系内各要素之间的相互关系。因此，主要有以下类型。

按照行政等级和管辖范围分类，可以分为全国城镇体系规划、省域城镇体系规划、市域城镇体系规划等。其中，全国城镇体系规划和省域城镇体系规划是独立的规划，市域、县域城镇体系规划可以与相应的地域中心城市的总体规划一并编制，也可以独立编制。随着城镇体系规划实践的发展，在一些地区出现了衍生型的城镇体系规划类型，如都市圈规划、城镇群规划等。

（二）城镇体系规划的理论与方法

1. 城镇体系规划的基本观

城镇体系位于特定的地域环境中，其规划布局应具有明确的时间和体系发展的阶段性，规划处于不同发展阶段的城镇体系，其指导思想也有不同。目前，主要包括以下八种观点：地理观——中心地理论；经济观——增长极理论；空间观——核心边缘理论；区域观——生产综合体；环境观——可持续理论；生态观——生态城市理论；几何观——对称分布理论；发展观——协调发展理论。

2. 全球化背景下的城镇体系规划理论和方法

在当代经济条件下，信息技术和跨国公司的发展促进了经济活动的全球扩散和全球一体化，一方面，使主要城市的功能进一步加强，形成一种新的城市类型——全球城市（Global City）；另一方面，促进网络城市（Network City）和边境城市体系（Fron Tier Urban System）的发育。

全球化背景下的城镇体系规划方法有：城镇等级体系划分方法，即依据城市特性的特性方法和直接将城市与世界体系连接在一起的联系方法；网络分析法，通过分析多种城市之间的交换和联系，揭示城市间乃至整个网络结构的复杂形式；结构测度法，利用网络分析进行城市体系的结构测度。

（三）城镇体系规划的主要内容

1. 全国城镇体系规划编制的内容

全国城镇体系规划是统筹安排全国城镇发展和城镇空间布局的宏观性、战略性的法定规划，是国家制定城镇化政策、引导城镇化健康发展的重要依据，也是编制、审批省域城镇体系规划和城市总体规划的依据。其主要内容如下。

（1）明确国家城镇化的总体战略与分期目标

按照循序渐进、节约土地、集约发展、合理布局的原则，积极、稳妥地推进城镇化。根据不同的发展时期，制定相应的城镇化发展目标和空间发展重点。

（2）确定国家城镇化道路与差别化战略

从提高国家竞争力的角度分析城镇发展需要，从多种资源环境要素的适宜承载程度分析城镇发展的可能，提出不同区域差异化的城镇化战略。

（3）规划全国城镇体系总体空间布局

构筑全国城镇空间发展的总体格局，考虑资源环境条件、产业发展、人口迁移等因素，分省或大区域提出差异化的空间发展指引和控制要求，对全国不同等级的城镇与乡村空间提出导引。

（4）构筑全国重大基础设施支撑系统

根据城镇化的总目标，对交通、能源、环境等支撑城镇发展的基础条件进行规划，尤其要关注对生态系统的保护方面的问题。

（5）特定与重点地区的发展指引

对全国确定的重点城镇群、跨省界城镇发展协调区、重要流域、湖泊和海岸带等，根

据需要可以组织上述区域的城镇协调发展规划，发挥全国城镇体系规划指导省域城镇体系规划、城市总体规划的法定作用。

2. 省域城镇体系规划编制的主要内容

省域城镇体系规划是各省、自治区、直辖市经济发展目标和发展战略的重要组成部分，也是省、自治区、直辖市人民政府实现经济社会发展目标，引导区域城镇化与城市合理发展、协调区域各城市间的发展矛盾、合理配置区域空间资源、防止重复建设的手段和行动依据，对省域内各城市总体规划的编制具有重要的指导作用。同时也是落实国家发展战略，中央政府用以调控各省区市城镇化、合理配置空间资源的重要手段和依据。其主要编制内容如下。

（1）制定全省城镇化和城镇发展战略

包括确定城镇化方针和目标，确定城市发展与布局战略。

（2）确定区域城镇发展用地规模的控制目标

结合区域开发管制区划，确定不同地区、不同类型城镇用地控制的指标和相应的引导措施。

（3）协调和部署影响省域城镇化与城市发展的全局性和整体性事项

包括确定不同地区、不同类型城市发展的原则性要求，统筹区域性基础设施和社会设施的空间布局和开发时序；确定要重点调控的地区。

（4）确定乡村地区非农产业布局和居民点建设的原则

包括确定农村剩余劳动力转化的途径和引导措施，提出农村居民点和乡镇企业建设与发展的空间布局原则，明确各级、各类城镇与周围乡村地区基础设施统筹规划和协调建设的基本要求。

（5）确定区域开发管制区划

从引导和控制区域开发建设活动的目的出发，依据城镇发展战略，综合考虑空间资源保护、生态环境保护和可持续发展的要求，确定规划中应优先发展和鼓励发展的地区、要严格保护和控制开发的地区以及有条件许可开发的地区，分别提出开发的标准和控制措施，作为政府开发管理的依据。

（6）按照规划提出城镇化与城镇发展战略和整体部署

充分利用产业政策、税收和金融政策、土地开发政策等政策手段，制定相应的调控政策和措施，引导人口有序流动，促进经济活动和建设活动健康、合理、有序地发展。

3. 市域城镇体系规划的主要内容

为了贯彻城乡统筹的规划要求，协调市域范围内的城镇布局和发展，在制订城市总体规划时，应制订市域城镇体系规划。其主要规划内容如下。

①提出市域城乡统筹的发展战略，其中，对于人口、经济、建设高度聚集的城镇密集地区的中心城市，应当根据需要，提出与相邻行政区域在空间发展布局、重大基础设施和公共服务设施建设、生态环境保护、城乡统筹发展等方面进行协调的建议。

②确定生态环境、土地和水资源、能源、自然和历史文化遗产等方面的保护与利用的综合目标和要求，提出空间管制原则和措施。

③预测市域总人口及城镇化水平，确定各城镇人口规模、职能分工、空间布局和建设标准。

④提出重点城镇的发展定位、用地规模和建设用地控制范围。

⑤确定市域交通发展策略，原则确定市域交通、通信、能源、供水、排水、防洪、垃圾处理等重大基础设施、重要社会服务设施、危险品生产储存设施的布局。

⑥根据城市建设、发展和资源管理的需要划定城市规划区。城市规划区的范围应当位于城市的行政管辖范围内。

⑦提出实施规划的措施和有关建议。

四、城镇总体规划

（一）城镇总体规划概论

城镇总体规划在城镇化发展战略中具有重要作用，是建设和谐社会、城乡统筹的重要环节，是一定期限内依据国民经济和社会发展规划，以及当地的自然环境、资源条件、历史情况、现状特点，统筹兼顾、综合部署，为确定城市的规模和发展方向，实现城市的经济和社会发展目标，合理利用城市土地，协调城市空间布局等所做的综合部署和具体安排。城市总体规划是城市规划编制工作的第一阶段，也是城市建设和管理的依据。

根据国家对城市发展和建设方针、经济技术政策、国民经济和社会发展的长远规划，在区域规划和合理组织区域城镇体系的基础上，按城市自身建设条件和现状特点，合理制定城市经济和社会发展目标，确定城市的发展性质、规模和建设标准，安排城市用地的功能分区和各项建设的总体布局，布置城市道路和交通运输系统，选定规划定额指标，制订规划实施步骤和措施。总体规划期限一般为 20 年。近期建设规划一般为 5 年。建设规划是总体规划的组成部分，是实施总体规划的阶段性规划。

随着全球化经济发展和城乡统筹发展的需求，城镇总体规划呈现出一些新趋势：区域协同和城乡统筹规划强化，重视区域城乡协同的发展；重视可持续发展理念的贯彻实施，以及非建设用地保护的强化；重视水设施的多元化与人性化建设并存；重视防灾与安全保

障的强化、区域防灾应急体系的完善；法律法规和技术性标准的完善。新的总体规划编制内容增强了规划的严谨性；在规划技术层面上，大数据、地理信息系统等分析技术的运用，增强了规划的科学性。

（二）城镇总体规划编制程序和内容

1. 设市、县政府所在地城市总体规划的主要内容

城市总体规划包括市域城镇体系规划和中心城区规划。编制城市总体规划时，首先要总结上一轮总体规划的实施情况和存在问题，并系统地收集区域和城市自然、经济、社会及空间利用等各方面的历史和现状资料；其次组织编制总体规划纲要，研究确定总体规划中的重大问题，作为编制规划成果的依据；最后根据纲要的成果，编制市域城镇体系规划、城市总体规划或城市分期规划。

（1）编制总体规划纲要的内容

①市域城镇体系规划纲要，内容包括：提出市域城乡统筹发展战略；确定生态环境、土地和水资源、能源、自然和历史文化遗产保护等方面的综合目标和保护要求，提出空间管制原则；预测市域总人口及城镇化水平，确定各城镇人口规模、职能分工、空间布局方案和建设标准；确定市域交通发展策略。

②提出城市规划区的范围；分析城市职能，提出城市性质和发展目标；提出禁建区、限建区、适建区的范围。

③预测城市人口规模；研究中心城区空间增长边界，提出建设用地规模和建设用地范围。

④提出交通发展战略及主要对外交通设施布局原则；提出重大基础设施和公共服务设施的发展目标；提出建立综合防灾体系的原则和建设方针。

（2）中心城区总体规划的内容

①分析确定城市性质、职能和发展目标；预测城市人口规模。

②划定禁建区、限建区、适建区和已建区，并制定空间管制措施；确定村镇发展与控制的原则和措施；确定需要发展、限制发展和不再保留的村庄，提出村镇建设控制标准；安排建设用地、农业用地、生态用地和其他用地；研究中心城区空间增长边界，确定建设用地规模，划定建设用地范围。

③确定建设用地的空间布局，提出土地使用强度管制区划和相应的控制指标（建筑密度、建筑高度、容积率、人口容量等）。

④确定市级和区级中心的位置和规模，提出主要的公共服务设施的布局。

⑤确定交通发展战略和城市公共交通的总体布局，落实公交优先政策，确定主要对外交通设施和主要道路交通设施布局。

⑥确定绿地系统的发展目标及总体布局，划定各种功能绿地的保护范围（绿线），划定河湖水面的保护范围（蓝线），确定岸线使用原则。

⑦确定历史文化保护及地方传统特色保护的内容和要求，划定历史文化街区、历史建筑保护范围（紫线），确定各级文物保护单位的范围；研究确定特色风貌保护重点区域及保护措施。

⑧研究住房需求，确定住房政策、建设标准和居住用地布局；重点确定经济适用房、普通商品住房等满足中低收入人群住房需求的居住用地布局及标准。

⑨确定电信、供水、排水、供电、燃气、供热、环卫发展目标及重大设施总体布局；确定生态环境保护与建设目标，提出污染控制与治理措施；确定综合防灾与公共安全保障体系，提出防洪、消防、人防、抗震、地质灾害防护等规划原则和建设方针。

⑩划定旧区范围，确定旧区有机更新的原则和方法，提出改善旧区生产、生活环境的标准和要求。

⑪提出地下空间开发利用的原则和建设方针。

⑫确定空间发展时序，提出规划实施步骤、措施和政策建议。

以上内容中，强制性内容包括：城市规划区范围；市域内应当控制开发的地域，包括基本农田保护区，风景名胜区，湿地、水源保护区等生态敏感区，地下矿产资源分布地区；城市建设用地，包括规划期限内城市建设用地的发展规模，土地使用强度管制区划和相应的控制指标（建设用地面积、容积率、人口容量等），城市各类绿地的具体布局，城市地下空间开发布局；城市基础设施和公共服务设施，包括城市干道系统网络、城市轨道交通网络、交通枢纽布局，城市水源地及其保护区范围和其他重大市政基础设施，文化、教育、卫生、体育等方面主要公共服务设施的布局；城市历史文化遗产保护，包括历史文化保护的具体控制指标和规定，历史文化街区、历史建筑、重要地下文物埋藏区的具体位置和界线；生态环境保护与建设目标，污染控制与治理措施；城市防灾工程，包括城市防洪标准、防洪堤走向、城市抗震与消防疏散通道、城市人防设施布局和地质灾害防护规定。

城市总体规划是一项综合性很强的科学工作。既要立足于现实，又要有预见性。随着社会经济和科学技术的发展，城市总体规划也须不断地进行修改和补充，因此也是一项长期性和经常性的工作。

2. 一般镇总体规划

一般镇总体规划主要内容如下。

①确定镇域范围内的村镇体系、交通系统、基础设施、生态环境、风景旅游资源开发等的合理布置和安排。

②确定城镇性质、发展目标和远景设想。

③确定规划期内城镇人口及用地规模，选择用地发展方向，划定用地规划范围。

④确定小城镇各项建设用地的功能布局和结构。

⑤确定小城镇对外交通系统的结构和主要设施布局；布置安排小城镇的道路交通系统，确定道路等级、广场、停车场和主要道路交叉口形式、控制坐标和标高。

⑥综合协调各项基础设施的发展目标和总体布局，包括供水、排水、电力、通信、燃气、供热、防灾、环卫等。

⑦确定协调各专项规划，如水系、绿化、环境保护、旧城改造、历史文化和自然风景保护等。

⑧进行综合技术论证，提出规划实施步骤、措施和政策建议。

⑨编制近期建设规划，确定近期建设目标、内容和实施部署。

（三）城镇空间形态的一般类型

城市形态是城市空间结构的整体形式，是在城乡总体规划阶段需要着重分析和研究的，是城市空间布局的重要载体。一个城市所具有的某种特定形态与城市性质、规模、历史基础、产业特点及自然地理环境相关联。不同的空间形态有不同特点，一个城市未来可以形成怎样的空间形态要根据目前城市现状必须解决的矛盾、未来发展定位和发展方向，以及自然地理环境等方面进行综合考虑确定。从城市空间形态发展的历程来看，大体上可以归纳为集中和分散两大类。

1. 集中式城市形态

集中式的城市形态是指城市各项用地集中连片发展。这种模式的主要优点是便于集中设置较为完善的生活服务设施，城市各项用地紧凑，有利于社会经济活动联系的效率和方便居民生活，较适合中小城市，但规划时须注意近期和远期的关系，避免城市在发展过程中发生用地混杂和干扰的现象。

集中式的城市空间还可以进一步划分为网格状、环形放射状、星状、带状和环状等。

2. 分散式城市形态

分散式城市形态主要是组团状城市，即一个城市分为若干个不连续的用地，每一块之间被农田、山地、河流、绿化带等隔离。这种发展形态根据城市用地条件灵活布置，容易接近自然，比较好地处理城市近期和远期的关系，并能使各项用地布局各得其所。不足之

处在于城市道路和各项工程管线的投资管理费用较大。此类布局的重点在于处理好集中与分散的度，既要有合理的分工，又要各个组团形成一定规模。对于一些大城市、特大城市，发展在大城市及其周围卫星城镇组成的布局方式，外围小城镇具有相对的独立性，但与中心城市有密切的关系。实践证明，为控制大城市的规模、疏散中心城市的部分人口和产业，培育远郊区的卫星城具有一定的效果，但仍要处理好发展规模、配套设施等问题。

一个城市在不同的发展阶段其用地的扩展和空间结构是发展变化的。一般规律是，早期集中连片发展，当遇到扩张障碍时，往往分散成组团式发展。当各个组团彼此吸引力加强，又区域集中发展。而当规模过大须控制时，不得不发展远郊新城，如北京城市发展过程即是如此。同时也存在不同城镇之间联系增强，形成城市群的情况，如长江三角洲城市群的发展。

第四章　城市地下空间规划与设计

我国可供有效利用的地下空间资源总量非常大，地下空间在扩大人类生活空间容量上能过起到不可替代的作用：地下空间是城市的战略性空间资源，是新型国土资源。国内各大城市纷纷兴建起地下商业街、地下购物广场、地下文体空间等等，而地下公共空间作为特定的人工环境，与地面建筑相比，在具有一定优势的同时，在地下空间环境的创造上具有很大的局限性，导致使用者容易产生许多消极的心理反应，无法形成良好的心理环境。骡马市地下商业空间的开发是集约化利用城市土地资源、实现能源与资源的节约与循环利用、解决各种城市问题、保护和改善环境的重要途径，对于实现城市的科学发展具有重要的意义。

第一节　城市地下空间规划体系

一、城市地下空间规划概述

（一）城市规划与城市地下空间规划体系

1. 规划的作用

（1）宏观经济的调控手段

经济的发展需要政府通过财政政策、行政措施对市场经济体制的运行进行宏观干预。城市规划则是通过对城市土地资源和空间资源的使用调控，来对城市建设和发展中的市场经济进行干预，保障城市的有序发展。

（2）社会公共的利益保障

经济学中的“公共物品”，包括了公共设施、公共安全、公共卫生、公共环境等，这些都是城市广大民众共同的利益诉求，具有非排他性和非竞争性的特征。这些“公共物品”的提供，不能通过市场经济来完全实现，这就要求城市管理者干预市场经济。城市规划通过对社会、经济和自然环境未来的安排来保障公共设施，通过土地利用的安排来为公共利益的实现提供基本的基础条件，并通过规划保障措施来保障公共利益不受侵害。

（3）公平、公正的维护手段

社会的利益是个广泛的概念，对于城市规划来说，主要体现在土地、空间的有偿使用所产生的社会利益上。城市规划通过预先安排的方式提供未来发展的准确信息，在具体的建设前，就能对各关系方的未来发展情况进行掌握，对各种利益关系进行协调，从而使最大多数人的利益能够得到保障，特别是社会公共利益的实现。通过规划实施保障措施来保障各利益方的利益，从而维护社会的公平性。

（4）人居环境的改善

城市人居环境作为一个大系统，是个拥有多种功能、纷繁复杂的有机综合体，本身又是统一的。人居环境既是外部关系协调的体现（包括城市与区域、城市、乡村、集聚区、自然之间的关系），也是内部关系协调的体现。可以将城市人居环境划分为两部分：人居硬环境和人居软环境。所谓人居硬环境是指一切服务于城市居民并为居民所利用，以居民行为活动为载体的各种物质设施的总和。它包括居住条件、生态环境以及基础设施和公共服务设施三项内容。人居软环境是指人居社会环境，指的是居民在利用和发挥硬环境系统功能中形成的一切非物质形态的总和，是一种无形的环境，如生活情趣、生活方便舒适程度、信息交流与沟通、社会秩序、安全感和归属感等。两者之间存在如下关系：硬环境是软环境的载体，而软环境的可居性是硬环境的价值取向。人居硬环境和软环境的呼应程度，即以各类居民的行为活动轨迹与其所属的软、硬环境是衡量人居环境优劣和环境、社会、经济三种效益统一程度的标尺。城市规划通过对未来的安排和计划，更好地为广大群众提供可持续发展的人居硬环境和人居软环境，从而不断改善人居环境，提高人民的幸福感和满足感。

2. 规划的体系

从国土空间规划运行方面来看，可以把规划体系分为四个子体系：按照规划流程可以分成规划编制审批体系、规划实施监督体系，从支撑规划运行角度有两个技术性体系，一是法规政策体系，二是技术标准体系。这四个子体系共同构成国土空间规划体系。

从规划层级和内容类型来看，可以把国土空间规划分为“五级三类”。“五级”是从纵向看，对应我国的行政管理体系，分五个层级，就是国家级、省级、市级、县级、乡镇级。这些不同规划层级的侧重点和编制深度不同，其中，国家级规划侧重战略性、省级规划侧重协调性、市县级和乡镇级规划侧重实施性。当然，不是说每个地方都具备编制这五级规划的条件，有的地方区域比较小，可以将市县级规划与乡镇级规划合并编制，有的乡镇也可以以几个乡镇为单元进行编制。

“三类”是指规划的类型，分为总体规划、详细规划、相关的专项规划。总体规划强

调的是规划的综合性，是对一定区域，如行政区全域范围涉及的国土空间保护、开发、利用、修复做全局性的安排。详细规划强调实施性，一般是在市县以下组织编制，是对具体地块用途和开发强度等做出的实施性安排。详细规划是开展国土空间开发保护活动，包括实施国土空间用途管制、核发城乡建设项目规划许可，进行各项建设的法定依据。在城镇开发边界外，将村庄规划作为详细规划，进一步规范了村庄规划。相关的专项规划强调的是专门性，一般是由自然资源部门或者相关部门来组织编制，可在国家级、省级和市县级层面进行编制，特别是对特定的区域或者流域，比如，长江经济带流域或者城市群、都市圈这种特定区域，或者特定领域，比如，交通、水利等，或者为体现特定功能对空间开发保护利用做出的专门性安排。

3. 城市地下空间规划与城市规划的关系

城市地下空间规划是对一定时期城市地下空间开发利用的综合部署、具体安排和实施管理。在城市规划中，若考虑城市形体的垂直划分和空间配置，就产生了城市上部、地面和地下三部分空间如何协调发展的问题（合理利用土地资源、产生最大的集聚效益），也就出现了地下空间规划的需求。

城市规划为地下空间规划的上位规划，编制地下空间规划要以城市规划的规定为依据。同时，城市规划应该积极吸收地下空间规划的成果，并反映在城市规划中，最终达到两者的和谐与协调。

从类别上，地下空间规划的编制与城市总体规划和详细规划两类规划均须对应，也就是在编制这两类规划时，均应编制相应的地下空间专项规划。在层级上，总体类地下空间专项规划可在全市和区级编制，详细类地下空间规划可在区级和特定地区编制，不同层级、不同地区的专项规划可结合实际选择编制的类型和精度。针对详细类地下空间规划，根据其编制对象的实际情况，可单独编制，也可设立专章融入相应层级的详细规划。

（二）城市地下空间规划的基本定义与主要任务

1. 城市地下空间规划的基本定义

城市地下空间规划，既有城市规划概念在地下空间开发利用方面的沿袭，又有对城市地下空间资源开发利用活动的有序管控，是合理布局和统筹安排各项地下空间功能设施建设的综合部署，是一定时期内城市地下空间发展的目标预期，也是地下空间开发利用建设与管理的依据和基本前提。

城市地下空间规划，也是国土空间规划体系中的一项内容。国土空间规划是国家空间发展的指南、可持续发展的空间蓝图，是各类开发保护建设活动的基本依据，在生态文明建设的时代背景下，“生态优先，节约优先，高质量发展”是国土空间规划的主旋律。

2. 城市地下空间规划的主要任务

地下空间规划的基本任务是通过对地下空间发展的合理组织，满足社会经济发展和生态保护的需求。中国现阶段城市地下空间规划的基本任务是保护和提升人居环境，特别是在国土空间环境的生态系统，为我国的经济、社会、环境和文化的协调发展，提供可持续发展的条件，保障和创造舒适、健康、均衡的空间环境和社会环境。城市地下空间规划的主要任务，具体可概括为以下三个方面。

（1）约束、规范及引导地下空间建设活动

地下空间开发建设约束于岩土介质，具有极强的不可逆性，建成后改造及拆除困难。同时，地下工程建设的初期投资大，而环境、资源、防灾等社会效益体现较慢，又很难定量计算，决定着地下空间规划需要更长远的眼光、立足全局，对地下空间资源进行保护性开发，合理安排开发层次与时序，并充分认识其综合效益。因此，要对其开发建设活动进行前期统筹、综合规划，并对其发展功能、规模、布局进行约束与规范，避免对城市地下空间资源和环境造成不可逆的负面影响。

（2）协调平衡城市地面、地下空间建设容量

地下空间与地面空间共同构成城市生活与功能空间，进行地下空间规划，即对城市发展模式进行革新，使城市地上、地下统筹利用建设，平衡上下空间发展容量，将基础设施空间及非人类长期生活的设施空间，尽可能置于地下，以改善城市地面建设环境，更多地把阳光和绿地用于人居生活，使城市发展功能在地上、地下得以重新分配和优化，使地上、地下建设容量平衡，使城市可持续健康发展。

（3）为城市地下空间开发建设管理提供技术依据

城市地下空间规划与城市规划一直是一种城市管理的公共政策。地下空间规划是城市规划的重要组成部分，是地下空间建设活动的约束手段，也是地下空间开发利用管理、制定管理政策的技术依据。

（三）城市地下空间规划的原则

1. 开发与保护相结合原则

城市地下空间规划是对城市地下空间资源做出科学合理的开发利用安排，使其为城市服务。在城市地下空间规划过程中，往往会只重视地下空间的开发，而忽略了城市地下空间资源的保护、城市地下空间资源是城市重要的空间资源，从城市可持续发展的角度考虑城市资源的利用，是城市规划必须做到的。因此，城市地下空间规划应该从城市可持续发

展的角度考虑城市地下空间资源的开发利用。

保护城市地下空间资源要从多个方面加以考虑。首先，由于地下空间开发的不可逆性，在城市地下空间开发时，开发的强度应一次到位，避免将来城市空间不足时，再想开发地下空间时无法利用。其次，要对城市地下空间资源有一个长远的考虑，在规划时，要为远期开发项目留有余地，对深层地下空间开发的出入口、施工场地留有余地。最后，在现在城市地下空间规划时，往往把容易开发的广场、绿地作为近期开发的重点，而把相对较难开发的地块放在远期或远景开发，实际上目前越难开发的地块，随着城市建设的不断展开，其开发难度越来越大，有的可能变为不可开发。因此，在城市地下空间规划时，应尽可能地将地下空间进行开发，而对容易开发的地块要适当考虑将来城市发展的需要，这也符合城市规划的弹性原则。

2. 地上与地下相协调原则

城市地下空间是城市空间的一部分，城市地下空间是为城市服务的。因此，要使城市地下空间规划科学合理，就必须充分考虑地上与地下的关系，发挥地下空间的优势和特点，使地下空间与地上空间形成一个整体，共同为城市服务。

地上地下空间的协调发展不是一句空话，在城市地下空间规划时，首先，在地下空间需求预测时就应将城市地下空间作为城市空间的一部分，根据地上空间、地下空间各自的特点，综合考虑城市对生态环境的要求、城市发展目标、城市现状等多方面的因素提出科学的需求量。其次，在城市地下空间功能布局时，不要为了开发地下空间而将一些设施放在地下，而是要根据未来城市对该地块环境的要求，充分考虑地下空间的优势、地面空间状况、防灾防空的要求等方面的因素来确定是否放在地下。

3. 远期与近期相呼应原则

由于城市地下空间的开发利用相对滞后于地面空间的利用，同时，城市地下空间的开发利用是在城市建设发展到一定水平，因城市出现问题需要解决，或为了改善城市环境，使城市建设达到更高水平时才考虑。因此，在城市地下空间规划时，有长远的观念尤为重要。城市地下空间规划必须坚持统一规划，分期实施的原则。

另外，城市地下空间的开发利用是一项实际的工作，要使地下空间开发项目落到实处，就必须切合实际，因而在城市地下空间规划时，近期规划项目的可操作性就十分重要。因此，城市地下空间规划必须坚持远期与近期相呼应的原则。

4. 平时与战时相结合原则

城市地下空间本身具有较强的抗震、防风雨等防灾功能，具有一定的抵抗各种武器袭击的防护功能，因此，城市地下空间可作为城市防灾和防护的空间，平时可提高城市防灾能力，战时可提高城市的防护能力。为了充分发挥城市地下空间的作用，就应做到平时防灾与战时防护结合做到一举两得，实现平战结合。

城市地下空间平时与战时相结合有两个方面的含义：一方面，在城市地下空间开发利用时，在功能上要兼顾平时防灾和战时防空的要求；另一方面，在城市地下防灾防空工程规划建设时，应将其纳入城市地下空间的规划体系，其规模、功能、布局和形态应符合城市地下空间系统的形成。

5. 综合效益原则

开发城市地下空间，其难度和复杂度要远远高于地面建设。在城市地下空间开发过程中，土地的征收与价格是其不可控的因素。若不计城市土地价格因素，仅单纯地从技术角度估算，地下要比地面开发付出更高昂的代价。在城市交通建设中，类型和规模相同的城市公共建筑，建在地下的工程造价比在地面上一般要高出 2~4 倍（不含土地使用费）。如要在地下空间保持满足人们活动要求的建筑内部环境标准，则要通过各种设备辅助运行，其所耗费的能源比在地面上要多 3 倍。

可以说，如果不考虑土地地价因素及特殊情况，不论是一次性投资还是日常运行费用，地下开发与地面建设在投资效益上无法竞争，但是开发地下空间所带来的综合效益却是地上建设无法替代的。因此，为了城市的整体效益，为了保护宝贵而有限的土地资源，要对地下空间开发实行鼓励优惠政策。以促进其发展，并能充分发挥社会、经济的综合效益。

（四）城市地下空间规划的内容

城市地下空间规划的基本内容是根据城市的经济、社会、环境的可持续发展需求，依据上位规划对本层次地下空间规划的要求，充分研究城市空间的自然、经济、社会和技术发展的条件，制定城市地下空间的发展战略，预测城市地下空间的布局和发展方向，按照环保和工程技术条件，综合安排城市地下空间的各项工程活动，提出近远期地下空间建设引导措施。

主要包括以下九个方面。

收集、整理、分析基础资料，提出满足城市经济和社会发展的条件和措施；研究城市发展战略，预测地下空间的发展规模，拟定城市地下空间各项建设的经济技术指标；制定城市地下空间的空间布局，合理安排地下空间的空间位置和范围，并兼顾近远期发展的协调；确定地下空间基础设施的规划原则；拟定城市地下空间的利用、改造原则、步骤和方法；确定城市新科技各项市政设施和工程措施的原则和技术路线；确定城市地下空间建筑

设计的原则和要求；确定近期、远期的建设时序计划，为安排近期重点项目的计划提供依据；提出保障空间规划实施的措施和步骤。

各个城市地下空间具有不同的性质，其地下空间规划具有不同的特点和重点，确立规划内容时，要从实际出发，既能满足城市发展的普遍性需求，又能针对不同城市的特点，确立地下空间规划的主要内容和办法。

（五）城市地下空间规划的特点

城市地下空间规划的问题十分复杂，涉及城市发展的政治、经济、社会、环境、艺术和人民的生活，要充分认识到地下空间规划的特点。

1. 城市地下空间规划具有综合性的特点

城市发展的各种要素，如社会、经济、土地、人口等诸多要素，互为支撑，又相互制约。城市规划要对城市发展的各种要素进行统筹安排，协调发展。而城市地下空间规划则是根据城市总体规划的要求，对一定时期内城市地下空间资源进行利用的基本原则、目标、策略、范围、总体规模、结构特征、功能布局、地下设施布局等的综合安排和总体部署。

所有地下空间规划中涉及的问题，彼此紧密相关，不能孤立对待和处理。城市规划不仅反映某一单项工程的要求和发展计划，而且还会体现各项工程之间的相互关系，既要为各单项工程提供建设的方案和技术指标的依据，又要统一各单项工程之间在技术和经济指标之间的矛盾。所以，城市地下空间规划与各专业设计部门之间存在着广泛而密切的联系。我们在进行规划时，一定要有广泛而深刻的规划知识，要将地上与地下、总体与局部按照一个系统进行全面的考虑，要有全局观。

2. 城市地下空间规划具有政策性强、法制性突出的特点

城市规划与公共政策、公共干预密切相关，城市规划表现为一种政府的行为。人民政府和规划行政主管部门根据相关法律法规，行使城市规划行政管理权。世界上大多数国家的城市建设和管理，均是政府的一项主要职能，城市规划无不与行政权力紧密联系。在进行城市地下空间规划时，也必须遵循关于该类规划的法规体系。

城市地下空间规划主要依据的法律规范体系如下。

①城乡规划法。

②城市规划实施性行政法规。

③地方城市规划法规。

④城市规划行政规章。

⑤城市规划相关的法律法规。

⑥城市地下空间规划技术标准与技术规范。

⑦城市地下空间规划的规划文本。

3. 城市地下空间规划具有地方性的特点

每个城市都具有不同于其他城市的自然肌理、文化脉络等特质。城市地下空间规划的主要目的是促进城市经济、社会和生态的可持续发展，因此，每一个地方的城市地下空间规划都要因地制宜地编制。同时，规划的实施过程，也需要政府的监督和市民的参与。在进行地下空间规划编制的过程中，既要遵循城市规划编制的普遍规律，又要符合当地的自然、社会和历史条件，尊重当地市民的意愿，密切配合相关部门，让城市的各个部门和广大市民广泛参与到规划编制和实施的全过程，从而使规划成为政府进行宏观调控、保障经济和民生、保护地方环境的有力手段。

4. 城市地下空间规划具有长期性和实效性的特点

城市地下空间规划既要解决近期建设的问题，也要为今后一定时期内的地下空间进行安排。但是，随着我国社会、经济的飞速进步，不断在产生新的变化，影响城市发展的因素也在不断变化。新问题的出现需要及时调整规划的方向和目标。这就要求我们的规划要在实践中加以调整或补充，适应新形势的发展需要，使得城市的发展更趋于客观实际。所以，城市地下空间规划是城市地下空间的动态规划，是一个长期性、动态性的工作。

虽然城市地下空间规划要根据形势的发展及时进行规划调整和补充，但是每一阶段编制的城市地下空间规划都是在该阶段城市的发展现状和生态环境的承载力基础上，经过严格的调查研究制定的，是一定时期内建设的依据。所以，城市地下空间规划一旦成为法规性文件，就必须保持其相对的稳定性和严肃性，只有通过一定的法定程序才能对其进行修改、调整和补充，任何个人、组织都无权随意对其进行改动。

5. 城市地下空间规划具有实践性

城市地下空间规划的实践性首先在于其目的是为城市建设服务，规划的编制要充分反映地下建设时间中的问题，有很强的现实意义。其次在于在规划管理部门的监督下，按照规划编制来进行地下空间的建设活动是城市地下空间规划实现的唯一途径。同样，城市地下空间建设的实践也是检验规划编制是否符合客观要求的唯一标准。

二、城市地下空间规划的控制与引导

城市地下空间规划作为城市规划各阶段的一个子系统，应融入城市规划体系中，在不同的城市规划阶段表现为不同的控制方式，并在宏观、中观、微观层面对城市地下空间未

来可能的形态、空间环境和发展方向进行引导和控制。

（一）城市地下空间规划的控制与引导方法及要素

1. 城市地下空间规划控制与引导方法

城市地下空间规划的控制方法在原理上与地面规划控制方法基本相同，都是针对不同用地、不同建设项目、不同开发过程以及控制元素的特性，采用多种手段的综合控制方式。规划控制方式作为干预建设行为的方式，根据作用的侧重点和程度不同可以分为指标量化、图则标定、设计导则和条文规定。

（1）指标量化

在整个控制引导方式中，最基本的部分就是指标，它是指通过数据化的指标对建设用地进行定量控制。其特点是提供一个精确的量作为管理的依据，如开发强度、开发层数、地下建筑后退距离、各层标高、地下建筑高度等，适用于城市一般用地的地下建筑规划控制。

（2）图则标定

图则标定是指用一系列的控制线和控制点对图则的功能定位。

（3）设计导则

设计导则是指为全面准确地描述空间形象认证方面的意向性控制内容，采用具体的文字描述加上示意图的表达形式，对特定类型的地下空间，如下沉广场或某个地下街的内部空间进行形态协调等引导性控制。它适用于详细阶段的地下空间规划控制。

（4）条文规定

条文规定是指通过一系列的控制要素、实施细则和政策法规的形式，使一些具有普遍性和客观性的控制内容得到执行，如地下各功能要素的控制要求、控制原则等。由于地下空间布局形态方面有很多不可度量的内容，所以，这是地下空间规划中不可忽视的控制方式之一。

2. 城市地下空间规划控制与引导要素

结合实践，地下空间开发利用的规划内容可以概括为布局形态与容量、结构与功能、水平层次组织、竖向层次组织、地下公共空间、交通组织、保护与更新、政策与实施运作等八个方面，并在不同规划阶段表现为不同的内容和要求。

（1）布局形态与容量

城市地下空间的平面布局形态是城市空间结构的外在表现，是各种地下结构（要素在地下空间中的布置）、形状（城市地下空间开发利用的整体空间轮廓）和相互关系所构成的一个与城市形态相协调的地下空间系统。城市地下空间的需求量和开发量是城市地下空间控制的另外一个主要指标要素，它是地下空间规划中的一个关键参量和重要依据。

(2) 结构与功能

确定地下空间的功能性质是地下空间开发利用控制与引导的关键，城市地下空间的功能是城市地下空间发展的动力因素。城市地下空间的结构是内涵的、抽象的，是城市地下空间构成的主体，分别以经济、社会、用地、资源、基础设施等方面的系统结构来表现。城市地下空间功能和结构之间是相互配合、相互促进的关系。城市地下空间开发利用对结构与功能的控制与引导目标，是在总体上力求强化城市地下空间的综合功能，并与地面功能相协调，取得最大的综合效益。

(3) 水平层次组织

水平层次组织包括平面形态、水平空间功能组合、建筑退让或突破建筑红线、各功能空间的通道联系要求等因素。水平层次的控制主要表现在平面布局形态和功能结构的控制上，是对各种功能地下空间的组织和安排。

(4) 竖向层次组织

竖向层次控制引导包含各层空间的分布和位置关系、项目开发深度及出入口的数量、位置与设置方式等因素。竖向层次的划分控制，除要考虑地下空间的开发利用性质和功能外，还要考虑其在城市中所处的位置、地形和地质条件，应根据不同情况进行规划，特别要注意高层建筑对城市地下空间使用的影响。

(5) 地下公共空间

城市地下公共空间是指城市地下公共设施部分的空间，它具有开放性、可达性、大众性和功能性的特点。城市地下公共空间具有以下作用：一是为市民提供公共活动的场所；二是疏散和改善城市交通，提高城市的防灾能力。因此，在规划设计中，城市地下公共空间是控制引导的重要对象要素，对于它的设计更要注重公众的可达性、舒适性，以及对高质量环境效益的追求。

(6) 交通组织

交通环境是城市空间环境的重要构成。它需要协调地面道路、公交运输系统、步行系统、地下机动车交通、地铁等线路选择、站点安排、停车设施等因素，是决定城市地下空间布局形态的重要控制因素之一，直接影响城市的地下空间形态和效率。地下空间规划对交通组织的控制引导是在地面现状的道路系统规划的基础上，对机动交通和人行交通，地面以上、地面和地下交通的综合组织和优化，包括交通汇集点的处理方式、步行系统的组织及过街穿行的处理方式、通道等立体交通关系的安排、地下停车库的布置及线路组织等。

（7）保护与更新

对于具有历史价值的文物保护单位、传统街区、历史地段等城市发展过程中的遗存，在地下空间开发过程中对它们的处理和安排要极为慎重。地下空间开发利用的控制与引导在这方面的工作内容主要是：首先，经调研分析确定文物保护单位、传统街区、历史地段等历史遗存以及相邻地区的保护范围；其次，确定该地区是否进行地下空间开发或可开发范围；最后，确定该地区的保护与更新原则，并提出建设运用的方案或方法指导。

（8）政策与实施运作

控制与引导的一个重要内容就是对城市开发建设的运行与管理，它的含义涉及两个层面的内容：一是在设计层面；二是在政策、规划管理与实施层面。除了要制定设计导则进行控制外，还要有明确的建议与具体的实施措施。

（二）城市地下空间总体规划阶段的控制与引导

城市地下空间总体规划的主要任务是研究和确定控制内容和相应的控制指标，提出总体控制原则、控制执行体系和实施保证措施。

在总体规划阶段，城市地下空间开发利用控制与引导主要研究的是以城市地下空间的发展意向、整体布局形态为主的宏观问题，研究的深度是以各系统的框架性和原则性内容为主，并且它的实施是通过控制下一步的详细规划和城市设计而完成的。因此，总体规划阶段的城市地下空间规划控制与引导的成果往往是以文字描述为主、图示为辅的方式表达的，这种成果是概念性的、原则性的、框架性的，不涉及具体形态。

（三）城市地下空间详细规划阶段的控制与引导

此处主要介绍城市地下空间控制性详细规划阶段的相关内容。在控制性详细规划阶段，城市地下空间规划的引导与控制，一方面，表现在通过将抽象的规划理论和复杂的地下空间规划要素进行简化和图解，从中提炼出能控制城市地下空间开发功能的规定性（刚性）要素，从而实现城市快速发展条件下地下空间规划管理的简化操作，提高规划的可操作性，缩短开发周期，提高城市开发建设效率；另一方面，在确定必须遵循的控制原则和规定性要素的指标外，还要留有一定的“弹性”要素指标，即某些指标可在一定范围内浮动。

城市地下空间控制性详细规划的编制内容可以概括为空间使用与开发容量控制、空间组合及建造控制、行为活动控制、配套设施控制、开发建设管理控制五个方面，共同组成地下空间控制性详细规划的第一级控制要素。每一级控制要素中又有多项二级要素或三级要素，在此基础上形成完整的规划设计与控制要素体系。

控制性详细规划主要通过指标、图则与文本三者交叉互补构成一个完整的规划控制体系，相应的成果表达形式则由文本、图纸和图则三部分构成。

第一，指标。在这个规划控制体系中，最基本的部分是指标。它的特点是提供一个精确的量作为管理的依据，如开发层数、各层标高、地下建筑高度等，适用于城市一般用地的地下建筑规划控制。

第二，图则。图则的功能是定位，在地面控制图则的基础上，地下控制图则标明地下建筑容许开发的范围，人行、车行出入口，下沉式广场位置，地下空间连通方式的位置、标高，市政综合管理等设施的规划控制意图，并直观地显示部分指标。这主要在要对地下建筑的布置做出标志时采用，原则上以地下空间的功能性质划分地块，绘制地下空间控制性详细规划的分图则。每张分图则的内容包括图纸标示、指标控制、设计引导三部分内容，比例由图纸版面要求而定，无统一比例。

图纸标示：道路红线、地下空间建筑控制线、各类出入口、地下人行通道、下沉式广场位置、地下空间连通方式的位置、标高。

指标控制：地下建筑性质、建设容量、开发强度、停车泊位。

设计引导：地下空间设计中的一些有关环境及设施方面的要求和方法引导，包括公共环境、公共空间、城市形态相关的问题，通常以指导性的设计原则为主，较少有硬性的规定。

第三，文本。文本是通过一系列控制要素和实施细则对建设用地进行定性控制，如开发性质和一些规划要求说明等。其作用包括：定性控制；提出在一定范围内普遍的同一控制要求；对管理与实施的具体过程进行指导；对指标和图则进行强调和补充。

第二节　城市地下空间布局

城市地下空间布局，是城市社会经济和技术条件、城市发展历史和文化、城市中各类矛盾的解决方式等众多因素的综合表现。在城市地下空间的总体规划阶段，要提出与地面规划相协调的地下空间结构和功能布局，以便合理配置各类地下设施的容量；而在城市地下空间的详细规划阶段，又要妥善考虑地下、地面空间之间的连通、整合及联系等问题，力求科学合理、功能协调，达成取得最大综合效益的目标。因此，城市地下空间的布局问题，往往是城市地下空间规划中的重要内容。

一、城市地下空间布局概述

城市地下空间是城市空间的一部分，城市地下空间布局与城市总体布局密切相关。因

此，城市的功能、结构与形态将作为研究城市地下空间布局的切入点，通过对城市地下空间发展的内涵关系的全面把握，提高城市地下空间布局的合理性和科学性。

（一）城市功能、结构、形态与布局

1. 城市的构成要素及功能分区

通常，构成城市的主要组成部分以及影响城市总体布局的主要因素涉及城市功能与土地利用、城市道路交通系统、城市开敞空间系统及其相互间的关系。

人类的各种活动聚集在城市中，占用相应的空间，并形成各种类型的用地，而城市的总体布局则是通过城市主要用地组成的不同形态表现出来的。城市中的土地利用状况，如各种居住区、商业区、工业区及各类公园、绿地、广场等决定了该土地的使用性质。一定规模相同或相近类型的用地集合在一起所构成的地区，就形成了城市中的功能分区，成为城市构成要素的重要组成部分。

同时，城市中的各功能区并不是独立存在的，它们之间需要便捷的通道来保障大量的人与物的交流。城市中的干道系统以及轨道交通系统在担负起这种通道功能的同时也构成了城市骨架。因此，通常一个城市的整体形态在很大程度上取决于道路网的结构形式。

2. 城市结构与形态

由于城市功能差异而产生的各种地区（面状要素）、核心（点状要素）、主要交通通道（线状要素）以及相互之间的关系共同构成了城市结构，它是城市形态的构架。城市结构反映城市功能活动的分布及其内在的联系，是城市、经济、社会、环境及空间各组成部分的高度概括，是它们之间相互关系与相互作用的抽象写照，是城市布局要素的概念化表示与抽象表达。

城市形态是一种复杂的经济、文化现象和社会过程，是在特定的地理环境和一定的社会历史条件下，人类各种活动与自然环境相互作用的结果。它是由结构（要素的空间布置）、形状（城市的空间轮廓）和要素之间的相互关系所构成的一个空间系统。城市形态的构成要素可概括为道路、街区、节点和发展轴。

（1）道路与街区

道路是构成城市形态的基本骨架，是指人们经常通行的或有通行能力的街道、铁路、公路与河流等。道路具有连续性或方向性，并将城市平面划分为若干街区。城市中道路网密度越高，城市形态的变化就越迅速。同时，道路网的结构和相互连接方式决定了城市的平面形式，并且城市的空间结构在很大程度上也取决于道路所提供的可达性。街区是由道路所围合起来的平面空间，具有功能均质性的潜能。城市就是由不同功能区构成并由此形成结构的地域，街区的存在也能使城市形成明确的图像。

（2）节点

城市中各种功能的建筑物、人流集散点、道路交叉点、广场、交通站以及具有特征事物的聚合点，是城市中人流、交通流等聚集的特殊地段，这些特殊地段构成了城市的节点。

（3）发展轴

城市发展轴主要是由具有离心作用的交通干线（包括公路、地铁线路等）所组成，轴的数量、角度、方向、长度、伸展速度等直接构成城市不同的外部形态，并决定着城市形态在某一时期的阶段性发展方向。

城市作为一个非平衡的开放系统，其功能与形态的演变总是沿着“无序—有序—新的无序”这样一种螺旋式的演变与发展模式。城市形态演变的动力源于城市“功能—形态”的适应性关系，当城市形态结构适应其功能发展时，能够通过其内部空间结构的自发调整保持自身的暂时稳定；反之，当城市形态与功能发展不相适应时，只有通过打破旧的城市形态并建立新的形态结构以满足城市功能的要求。

3. 城市布局

城市在空间上的结构是各种城市活动在空间上的投影，城市布局则反映了城市活动的内在需求与可获得的外部条件，通过城市主要用地组成的不同形态来表现。

影响城市总体布局的因素一般可以分为：自然环境条件、区域条件、城市功能布局、交通体系与路网结构、城市布局整体构思。基于以上因素和城市发展目标，城市布局遵循的原则包括着眼全局和长远利益、保护自然资源与生态资源、采用合理的功能布局与清晰的结构、兼顾城市发展理想与现实。

（二）城市地下空间功能

城市地下空间功能是指地下空间具有的特定使用目的和用途。城市地下空间功能是城市功能在地下空间上的具体体现，城市地下空间功能的多元化是城市地下空间产生和发展的基础，是城市功能多元化的条件。

1. 城市地下空间功能类型及演化

城市地下空间功能的演化与城市发展过程密切相关。在工业社会以前，由于城市的规模相对较小，人们对城市环境的要求相对较低，城市问题和矛盾不突出，因此，城市地下空间开发利用很少，而且其功能也比较单一。进入工业化社会后，城市规模越来越大，城市的各种矛盾越来越突出，城市地下空间开发利用就越来越受到重视。

随着城市的发展和人们对生态环境要求的提高，城市地下空间的开发利用已从原来以功能型为主，转向以改善城市环境、增强城市功能并重的方向发展，世界许多国家的城市出现了集交通、市政、商业等一体化的综合地下空间开发项目。今后，随着城市的发展，城市用地越来越紧张，人们对城市环境的要求越来越高，城市地下空间的功能必将朝着以解决城市生态环境为主的方向发展，真正实现城市的可持续发展。

2. 城市地下空间功能的复合利用

地下空间的功能利用与地面不同，呈现出不同程度的混合性，具体可分为以下三个层次。

（1）简单功能

城市地下空间的功能相对单一，对相互之间的连通不做强制性要求，如地下民防、静态交通、地下市政设施、地下工业仓储功能等。

（2）混合功能

不同地块地下空间的功能会因不同用地性质、不同区位、不同发展要求呈现出多种功能相混合，表现为“地下商业+地下停车+交通集散空间+其他功能”的混合。当前各类混合功能的地下空间缺乏连通，为促进地下空间的综合利用，应鼓励混合功能地下空间之间相互连通。

（3）综合功能

在地下空间开发利用的重点地区和主要节点，地下空间不仅表现为混合功能，而且表现出与地铁、交通枢纽以及与其他用地地下空间的相互连通，形成功能更为综合、联系更为紧密的综合功能。表现为“地下商业+地下停车+交通集散空间+其他+公共通道网络”的功能。综合功能的地下空间主要是强调其连通性。

在这三个层次中综合功能利用效率、综合效益最高。中心城区、商业中心区、行政中心、新区与CBD等城市中心区地下空间开发在规划设计时，应结合交通集散枢纽、地铁站，把综合功能作为规划设计方向。居住区、大型园区地下空间开发的规划设计应充分体现向混合功能发展。

3. 城市地下空间功能确定原则

根据城市地下空间的特点，其功能的确定应遵循以下原则。

（1）合理分层原则

城市地下空间开发应遵循“人在上，物在下”“人的长时间活动在地上，短时间活动在地下”“人在地上，车在地下”等原则。目的是建设以人为本的现代化城市，与自然环境相协调发展的“山水城市”，将尽可能多的城市空间留给人们休憩、享受自然。

（2）因地制宜原则

应根据城市地下空间的特性，对适宜进入地下的城市功能应尽可能地引入地下，而对不适应的城市功能不应盲目引进。技术的进步拓展了城市地下空间的范围，原来不适应的可以通过技术改造变成适应的，地下空间的内部环境与地面建筑室内环境的差别不断缩小即证明了这一点。因此，对于这一原则，应根据这一特点进行分段分析，并要具有一定的前瞻性，同时对阶段性的功能给予一定的明确说明。

（3）上下呼应原则

城市地下空间的功能分布与地面空间的功能分布有很大联系，地下空间的开发利用是对地面空间的补充，扩大了容量，满足了对城市功能的需求，地下民防、地下管网、地下仓储、地下商业、地下交通、地下公共设施均有效地满足了城市发展对其功能空间的需求。

（4）多元协同原则

城市的发展不仅要求扩大空间容量，同时应对城市环境进行改造，地下空间开发利用成为改造城市环境的必由之路。单纯地扩大空间容量不能解决城市综合环境问题，单一地解决问题对全局并不一定有益。交通问题、基础设施问题、环境问题是相互作用、相互促进的，因此，必须做到一盘棋，即协调发展。同时，城市地下空间规划必须与地面空间规划相协调，只有做到城市地上、地下空间资源统一规划，才能实现城市地下空间对城市发展的重要促进作用。

（三）城市地下空间结构与形态

城市地下空间结构是城市地下空间主要功能在地下空间形态演化中的物质表现形式，主要是指地下空间的发展轴线，它反映了城市地下空间之间的内在联系。城市地下空间形态是地下空间结构的抽象总结，是指各种地下结构（要素在地下空间的布置）、形状（城市地下空间开发利用的整体空间轮廓）和相互关系所构成的一个与城市形态相协调的地下空间系统。

1. 城市形态与地下空间形态的关系

城市地下空间的开发利用是城市功能从地面向地下的延伸，是城市空间的三维式拓展。在形态上，城市地下空间是城市形态的映射；在功能上，城市地下空间是城市功能的延伸和拓展，也是城市空间结构的反映。

城市形态与地下空间形态的关系，主要体现在以下三个方面。

（1）从属关系

城市地下空间形态始终是城市空间形态结构的一个组成部分，地下空间形态演变的目

的是为了与城市形态保持协调发展，使城市形态能够更好地满足城市功能的需求。城市地下空间形态与城市形态的从属关系通过两者的协调发展来体现，当它们能协调发展时，城市的功能便能够得到极大的发挥，从而体现出较强的集聚效益。

（2）制约关系

城市地下空间形态在城市形态的演变过程中，并不单纯地体现出消极的从属关系，还体现出一种相互制约的关系。两者之间相互协调、相互制约地辩证发展，促使城市形态趋于最优化以便适应城市功能的要求。

（3）对应关系

城市地下空间形态与城市形态的对应关系，是从属关系与制约关系的综合体现，也是两者协调发展的基础。对应关系表现在地上空间与地下空间整体形态上的对应，以及地下空间形态的构成要素分别与城市上部形态结构的对应。此外，城市地下空间还在开发功能和数量上与上部空间相对应，这既是城市地下空间与城市空间的从属、制约关系的综合表现，也是城市作为一个非平衡开放系统，其有序性在城市地下空间子系统中的具体反映。

2. 城市地下空间形态的基本类型

城市地下空间形态可以概括为“点”“线”“面”“体”四个基本类型。

①“点”即点状地下空间设施，相对于城市总体形态而言，它们一般占据很小的平面面积，如公共建筑的地下层、单体地下商场、地下车库、地下人行过街地道、地下仓库、地下变电站等都属于点状地下空间设施。这些设施是城市地下空间构成的最基本要素，也是能完成某种特定功能的最基本单元。

②“线”即线状地下空间设施，它们相对于城市总体形态而言呈线状分布，如地铁、地下市政设施管线、长距离地下道路隧道等设施。线状地下设施一般分布于城市道路下部，构成城市地下空间形态的基本骨架。没有线状设施的连接，城市地下空间的开发利用在城市总体形态中仅仅是一些散乱分布的点，不可能形成整体的平面轮廓，并且不会带来很高的总体效益。因此，线状地下空间设施作为连接点状地下设施的纽带，是地下空间形态构成的基本要素和关键，也是与城市地面形态相协调的基础，为城市总体功能运行效率的提高提供了有力的保障。

③“面”即由点状和线状地下空间设施组成的较大面积的面状地下空间设施。它主要是由若干点状地下空间设施通过地下联络通道相互连接，并直接与线状地下空间设施（以地铁为主）连通而形成的一组具有较强内部联系的面状地下空间设施群。

④“体”即在城市较大区域范围内由已开发利用的地下空间各分层平面通过各种水平和竖向的连接通道等进行联络而形成的，并与地面功能和形态高度协调的大规模网络化、

立体型的城市地下空间体系。立体型的地下空间布局是城市地下空间开发的高级阶段，也是城市地下空间开发利用的目标。它能够大规模提高城市容量、拓展城市功能、改善城市生态环境，并为城市集约化的土地利用和城市各项经济社会活动的有序高效运行提供强有力的保障。

3. 城市地下空间的复合形态

地下空间复合形态是由两个或两个以上的单一地下空间单元通过一定的结构方式和联系关系组合而成的复合体。多个较大规模的地下空间相互连通形成空间结构性系统化的发展形态，较多地发生在城市中心区等地面开发强度相对较大的区域。其在功能上也展现出复杂性和综合性，一般由交通空间、商业空间、休闲空间以及储藏空间等共同组成。因此，科学合理的复杂地下空间结构形态需要在深入研究的基础上结合城市实际建设条件逐步发展形成。

城市地下空间的组合形式有很多种，根据不同空间组合的特征，经过深入分析概括起来主要分为轴心结构、放射结构及网络结构三类主要结构形态。

（1）轴心结构

呈轴心结构分布的地下空间形态，主要指的是以地下空间意象中的路径要素（如地下轨道、地下道路、地下商业街等）为发展核心轴，同时向周边辐射发展，在平面及竖向空间上连通路径要素周边多个相邻且独立的地下空间节点，如地下商业空间或停车库等，从而形成地下空间串联空间结构形态。

轴心结构地下空间是构成城市地下空间形态最为常见也是最为基本的复杂空间结构形式，其优点在于有良好的层级结构——空间连续、主次分明、分布均衡。轴心结构空间形态把地下各个分散的、相对独立的单一空间形态通过轴线连成一个系统，形成一个复杂结构，极大地提高了单一空间的利用效益和功能拓展。由于轴心结构地下空间导向明确，对于地下人流疏散非常有利。但是，也正是由于轴心空间的简单结构，所以要注重地下空间内部的对比与变化、节奏与韵律避免轴心结构地下空间潜在的单调和乏味。

城市商业、商务中心区步行系统较为发达适合于轴心结构空间开发模式，整体贯通的地下商业步行街结合地下轨道线路作为区域空间线性的发展轴，同时沿轴线在城市的重要节点形成若干点状地下空间。此类地下空间复合形态模式适合与带状集中型或带状群组型的城市地面空间形态相协调。

（2）放射结构

在城市中除了轴线以外，还有一类空间在具有一定规模的同时也集聚了地下各种主要功能活动，在此地下区域内，形成地下空间人流、交通流、资金流等的高度集中。通过这

类地下空间，城市区域以自身为核心对周边地下空间形成聚集和吸引的同时，也将功能、商业、人流向周边辐射。这种由中心向外辐射的空间组合形态即为放射结构地下空间形态，其形成和发展显现出一座城市整体空间发展后地下空间形态趋于成熟的标志，也是地下空间发展必然经历的一个过程。地下空间放射结构形态的特点是在交叉的核心点上导向各处的路径非常便捷，即从一点可以到达多方向，而交叉点以外各点到其余各处都要经过中心节点，因此，放射结构形态的中心节点必然人流压力巨大，为缓解此问题，随地下空间发展的不断扩大可以将一个中心分散为几个次中心。

放射结构地下空间形态的核心空间主要表现为大型地下商业综合体、地铁的区域换乘站或城市中心绿地广场等与周边地下空间有着严格的相互关联和渗透性的层次结构关系。放射结构的地下空间形态发展呈现复杂联系的趋势，相比轴心型结构更加紧密地结合了周边众多次要空间，放射结构的发展和利用也使地下空间形态形成相对完整的体系，这对城市整体空间起到非常重要的作用，一方面连接各个商业区，另一个方面缓解地面的交通压力。因此，地下空间的放射状结构形态的开发利用极大地鼓励了地下空间的规模化建设，带动周围地块地下空间的开发利用，使城市区域地下空间设施形成相对完整的体系。

（3）网络结构

地下空间复合结构形态影响空间资源优化配置，影响地下空间网络关系发展。受城市经济活动集中化的影响，城市地下空间组织结构在发展到一定程度后往往呈现大范围集中、小范围扩散的发展趋势，即在城市地域内从城市中心向城市边缘扩散和再集中。因为城市地下空间之间存在通信、功能和交通等各种关联性，同时，空间与空间之间相互承载各种要素的流动，这类关联性和要素流在城市商业密集、交通复杂的中心区被急剧放大和集中化，使得城市地下空间之间需要一种更为密切、更为高效的空间结构形态。在城市经济发达中心区或交通密集区，地下空间应该采取网络化的空间结构。网络化结构形态的地下空间就是具备一定规模，以多空间多节点为支撑，具备网络型空间组织特征，超越空间临近而建立功能联系，功能整合的地下空间网络。地下各个空间或节点之间相互依赖协调发展，彼此具有密切的既竞争又合作的联系。

城市地下空间整体形态网络状空间模式就是充分发挥“网络结构效应”的作用。所谓“网络结构效应”就是指处于网络系统中的节点、连接线和网络整体对地下空间各要素实施的作用力，也就是说地下空间网络结构对空间的影响状况。地下空间的网络化结构发展效应主要体现在空间与空间的相互依赖性以及互补性这两种特性上。依赖性可以被理解为外部性，它使单一空间直接增加另一单一空间的效用。例如，地下轨道交通可以带来大量人流，从而繁荣地下商业。互补性可以被理解为内部性，即地下空间之间互为补充，单一空间弥补另一空间功能、性质等方面的不足。例如，地下停车可以有效解决地下商业配建问题，地下商业空间为地下交通步行空间带来丰富体验。所以，城市中心区发展地下网络化结构为城市空间高效合理利用提供了科学的途径，为规划布局的空间设计提供了强有力的基础。

地下空间网络化结构形态是一个多中心的空间实体，其建构不仅需要实体空间上的规划设计，更需要对不同区域主体之间利益进行协调，需要搭建区域地下空间之间的关系网络，并促进相互之间的合作。网络化结构的地下空间形态不仅仅是一个新的概念，更重要的是代表了未来城市的一种高效空间发展理念。城市中心区构建网络化发展的地下空间模式，就是在空间组织上摒弃传统的单一而独立的发展模式，倡导城市地下空间的互联互通规模化发展，强调构建面向区域的开放的多中心城市地下空间格局。在功能整合上，强调分工与合作，促进区域城市地下空间网络的形成；在协调管理上，强调通过对话、协调与合作实现权利平衡和利益分配，通过网络化空间架构实现公平与效率并重的地下空间管理体系。

二、城市地下空间城市设计

城市设计是对城市体型和空间环境所做的整体构思和安排，贯穿于城市规划的全过程。城市设计分为总体城市设计和重点地区城市设计，主要任务是确定城市风貌特色，保护自然山水格局，优化城市形态格局，明确公共空间体系。随着城市地下空间开发的推进，城市地下空间的城市设计工作也越来越受到重视，逐步融入各层面的城市地下空间规划工作中，和地上空间一同构成立体化、多基面、全维度的城市设计体系。

（一）城市地下空间城市设计的基本任务

传统建筑学三要素为“经济、实用、美观”，地上建筑以外观、内部空间、平面布局等来表达地面建筑的特性，地下空间没有显著的建筑外观，且其立体多层次的空间布局系统比平面布局更为复杂。地上城市设计关注以人为本的公共活动空间，地下对应的是出入口、通道等人主要活动的地下公共空间的营造。城市设计不仅仅是进行空间的美化设计，而且是通过设计创造地上和地下空间之间的融合、协调与关联，减轻和消除人们在地下活动的不适感，创造一个安全、舒适、宜人、有活力、有趣味的地下空间系统。

城市地下空间城市设计的基本要求是根据地下空间总体规划的意图和控制性详细规划对地下空间开发的控制要求，结合城市设计，对城市地下公共空间的功能布局、活动特征、景观环境等进行深入研究，充分协调地下和地上公共空间的关系，以及地下公共空间与开发地块地下空间、市政基础设施的关系，提出地下空间设计的导引方案，以及各项控制指标、设计准则和其他规划管理要求。

在不同的规划阶段，城市地下空间城市设计的任务如下。

第一，总体规划层面的地下空间规划，更加注重整体框架的系统性，对于城市设计的考虑更多地停留在指导意义层面，相关点较少。主要提出地下空间平面形态、竖向结构等涉及城市设计因素的内容，要求更多地与地面功能结构的对应。

第二，控制性详细规划层面的地下空间规划，更加针对以开发地块为单元的设计和规划具有实践性的借鉴意义。一般采用地上地下一体化城市设计的直观模拟空间的有效方法，强调地上地下有机协调的重要性。

第三，修建性详细规划层面的城市设计一般为实施性的详细设计，其内容主要包括对所有公共空间的界面和边沿的设计（地下空间的控制位置、体型和空间构想、材料、颜色、尺度等）；重要公共空间的环境景观设计，向外延伸的视线设计，如前景、背景、对景、借景等；各项技术经济指标等。

（二）城市地下空间城市设计的策略

城市地下空间城市设计目前还在不断探索和实践阶段，相对比较成熟的设计策略如下。

第一，从总体层面分层次进行总体城市设计规划，划分地下空间设计重点区域和一般区域。在总体城市设计中，城市特色的塑造往往从城市意象入手，通过城市特色的识别，选取特色地块作为城市标志。随着城市地下空间的发展，人们进入一个城市的第一印象可能已经不是地上的空间，往往是地下的场所。所以，从总体层面来说，规划要根据城市特色、自然风貌、历史文化、地块功能等要素划分出要重点进行城市设计的部分。建议划分为地下空间重点设计的区域有：①城市主要的交通枢纽站点如火车站、飞机场、高铁站等；②可以体现城市不同时期特色的区域，例如，历史保护街区等；③城市内主要的商业商务区域的地下空间部分。地下空间的重点设计区域可着重参考地上城市设计，再根据城市地下的生态地质等情况进行取舍改进。

首先，从总体层面对地下空间设计进行控制引导，根据城市轨道交通和道路交通体系、城市特色、自然风貌、历史文化、地块功能以及地上城市规划规定，对地下空间进行分级控制规划。其次，重点设计地区也须根据地下空间性质的不同进行差异设计，设计的侧重点不完全一致。

首先是城市交通枢纽区。城市交通枢纽区的地下空间设计关注空间运行的效率。交通枢纽和其他交通方式的换乘便捷，空间的流线设计简明直接，出入口有开阔且利于大量人流转换的场所。在主要的出入口设计中可考虑融入有关城市特性的意象设计。

其次是历史风貌保护区。地上地下空间一体化有利于旧城的复兴建设。可以利用消隐等城市设计手法整合城市地下和地面空间，并将城市公共空间引入地下，建构地下公共空间，使之成为城市公共空间的延伸和新的重要组成部分，最终形成立体化的城市公共空间网络。考虑和地上历史建筑的气质相吻合，作为城市地下空间的特色地区。

最后是城市中心商务区。考虑中心商务区商业氛围的营造以及与地上公共空间的融合。中心商务区地下空间的设计重点是怎么把交通空间和商业便捷地联系起来。

第二，尽量形成网络化的地下空间体系，注重地下空间之间的联系。网络化的地下空间系统可以发挥整体规划的最大效益，在允许的情况下尽量连通地下空间的周围建筑，形成便捷的地下步行系统。

第三，注意和历史保护的结合，融合地域历史文化元素。

第四，以轨道交通站点为核心，注意地下空间的多层次开发，引入多元的业态成分，配合精心的活动策划，激活地下空间的活力。

（三）城市地下空间的连通与整合

在城市地下空间开发利用的高级阶段，必将实现地下空间的网络化结构发展，以实现业态和功能的互补，大大提高城市地下空间的使用便捷性和综合效益。而地下空间的连通与整合设计，将是地下空间开发利用成为一个有机、统一的整体的必要条件。

1. 地下空间的连通方式

相邻地下空间之间的连通方式，按两者在地下的空间关系（分为水平方向上和垂直方向上的不同关系），通常分为以下五种：通道连通、共墙连通、下沉广场连通、垂直连通和一体化连通。

（1）通道连通

两个相邻地下空间在水平方向上存在一定距离，两者之间通过一条或几条地下通道相连通。连接通道按其功能定位主要可分为纯步行交通功能的通道和兼有商业服务设施的通道。

（2）共墙连通

相邻地下空间在水平方向上贴合在一起，两者共用地下围护墙，通过共用围护墙上开的门洞实现连通。

（3）下沉广场连通

地下空间与周边地下空间设下沉广场，通过下沉广场实现两者之间的连通。

（4）垂直连通

地下空间与周边地下空间呈上下垂直关系，两者通过垂直交通（电梯、自动扶梯、楼

梯）实现连通。

（5）一体化连通

某核心地下空间被周边地下空间包围或半包围，两者作为一个整体，同时规划、设计、建设。一体化连通是上述四种连通方式的综合运用，在设计上应遵从以上连通方式的所有技术要求。

2. 地下空间的整合设计

空间整合的目的是改善和提高环境质量，其作用是创造一种优良环境，以达到使用功能的效益和效能，满足精神文化、艺术表现和物质的、美学的、生态的要求。整合机制的层次主要分为三类：实体要素、空间要素和区域。地下空间从其不可逆的开发特性来说，整合对于地下空间的开发更为重要。

在地下空间的整合设计中，往往要根据地下空间的功能和特性，进行相应的功能的整合。例如，在综合交通枢纽节点，常见的地下空间整合包括轨道交通功能与其他城市交通功能、商业功能、停车功能、步行系统、公共服务设施的整合。通过对空间的有序整合，使其成为城市空间的一个重要节点，发展形成功能多元复合的地下综合体。

根据空间形态整合方式的不同，地下建筑之间的整合可以分为拼接、嵌入、缝合等几种方式。拼接是两个地下建筑在水平方向上直接相邻拼接并整合成一个整体，通过竖向设计、垂直交通的整合，使两个地下空间连接顺畅，地下步行系统保持连续性、舒适性和步行通道宽度的一致性。嵌入是一个建筑在水平方向或垂直方向植入另一个地下建筑的剩余空间中，从而形成一个整体，这种模式是新旧地下建筑组合在一起，使原有的地下空间格局有所改变。缝合是通过新开发的地下空间，将两个分离的地下建筑联系起来，组织成一个整体。

（四）地上地下空间的联系互动

伴随着城市地下空间的开发利用，城市地上、地下空间联系的方法，大致经历了以下三个阶段：第一阶段，城市地下空间着重解决地铁车站等垂直交通设施的联系；第二阶段，开始重视地上、地下空间过渡的联系，城市地下空间开发利用从原来以解决交通为主，转为与城市公共生活、商业活动等功能相结合的方式；第三阶段，随着城市空间的进一步集约开发，结合城市立体化，开始重视综合环境组织的空间整合联系。在操作方法上，城市地上、地下空间的联系设计，已经进入城市设计的层面，整体考虑城市地下空间开发过程中地上、地下空间的联系问题，满足城市发展和公共生活的需要。随着城市地下空间的开发以及可持续理念的深入，城市地上、地下空间的联系也正在朝向介质空间功能

复合化、空间层次多样化、地上地下一体化的趋势发展。

地下公共空间与地面联系的介质常见的有下沉广场、下沉中庭、下沉街以及出入口等四种类型。

1. 下沉广场

下沉广场是指广场的整体或者局部下沉于其周边环境所形成的围合开放空间。下沉广场为地下空间引入阳光、空气、地面景观，打破地下空间的封闭感。下沉广场提供的水平出入地下空间的方式，减少了人们进入地下空间的抵触心理。下沉广场所具有的自然排烟能力和自然光线的导向作用，有利于地下空间中的防灾疏散。

按建设动机和功能类型，下沉广场可分为地铁车站出入口型、建筑地下出入口型、改善地下环境型、过街通道扩展型和立体交通组织型等。

（1）地铁车站出入口型

地铁车站出入口型下沉广场是最为常见的类型，多位于城市中心、交通枢纽站等交通量较大的区域。这种类型的下沉广场与地铁车站结合，可形成扩大的地铁出入口，作为地铁车站的出入口缓冲空间，还能与其他城市功能进行结合，提高城市运行效率和空间环境质量。

（2）建筑地下出入口型

对于本身拥有大型地下使用空间的建筑而言，以下沉广场作为扩大的地下层出入口，可以增加地下空间的地面感，提升地下部分的使用价值。同时，大型建筑交通高峰时段需要较为开敞的空间对人流进行快速疏解，下沉广场也能够给建筑带来多层次的出入口空间。

（3）改善地下环境型

由于大面积地下活动空间的存在，通过下沉广场引入自然采光通风和地面景观，可增加地下空间的方位感和地面感，提高地下空间的舒适度，消除人们对地下建筑的不良心理，增强地下公共空间的氛围与活力。

（4）过街通道扩展型

这种类型的下沉广场有多种形式，包括扩大的地下过街道出入口以及整合多个地下过街通道等。它可以改善行人过街的环境，使得行人过街更为方便、安全，并保持街道两侧城市空间的联系与活力。

（5）立体交通组织型

在交通复杂的大型交通枢纽区，下沉广场能够立体组织复杂人车交通，改善地下空间内部环境，并使得地下、地上各个层面的交通设施联系更加顺畅、舒适，且提升了城市形象。

2. 下沉中庭

下沉中庭是建筑的中庭底面延伸至地下层所形成的公共空间，包括室内下沉中庭和半室外下沉中庭。通常，下沉中庭是由于建筑地下层作为公共活动空间而将中庭空间延伸至地下，或为方便建筑地下层与地铁连接而设置。根据下沉中庭的主要建设动机，可将下沉中庭分为建筑中庭下沉型和改善地下空间环境型两类。

（1）建筑中庭下沉型

建筑中庭采用下沉的方式，使得建筑与城市地下空间系统的联系更为方便。建筑中庭下沉后与地铁车站站厅层形成水平连接，使大量的地铁人流与地上建筑人流不出地面即可进行快速疏解，缓解地面交通压力。同时，地铁的大规模人流提高了建筑地下空间的商业价值，下沉中庭中的特色环境也为地铁车站塑造了各具特色的出入口空间。

（2）改善地下空间环境型

改善地下空间环境型是指建筑主体功能位于地下时，通过下沉中庭引入自然光线、通风或地面城市景观，改善地下空间环境，使地下空间获得如同地面般的感受。此类下沉中庭常用于城市地铁车站或深入地下的大型综合交通枢纽。

下沉中庭与建筑平面的位置关系对下沉中庭的围合、开放性有重要影响，根据下沉中庭与建筑平面的关系，可以分为单面围合、双面围合、三面围合、四面围合四种模式。

3. 下沉街

地面具有连续开口的地下街即为下沉街。下沉街引入自然光线、景观，形成类似地面街道的感觉。随着城市地下空间的多点发展，下沉街能够把一个较大范围内的建筑地下空间相互连接，发展为城市地下空间网络，促进城市地下空间环境的改善和公共空间的扩展，特别是它与城市开放空间融合度很高，便于创造城市中富有活力的公共空间节点。

4. 出入口

无论是地上还是地下空间，出入口空间都是应重点设计的部位。对于地下建筑空间而言，出入口设计尤其重要，它是实现空间上下互动、内外互动的重要媒介。

首先，要特别注意出入口的识别性，便于人们找到。出入口的设计应该具有一定的特色，注意与周围自然景观、周边建筑的协调和对比。其次，要将人流出入口与货物、车辆出入口分开，为行人创造舒适、安全的环境，出入口要有充分的照度、完善的无障碍设施。

第三节 城市地下空间环境设计

一、城市地下空间环境概述

（一）地下空间环境对人的心理和生理影响

地下空间的内部环境主要依靠人工控制，在很大程度上是一种人工环境，它对人的心理和生理都有一定的影响。

地下空间相对比较狭小，在嘈杂、拥挤的环境中停留，缺乏熟悉的环境、声音、光线及自然景观，会使人心理上对陌生和单一的环境产生恐惧和反感，并有烦躁、感觉与世隔绝等不安反应。受到不同的生活、文化背景的影响，以及对地下空间的认知不足，不少人可能会产生幽闭恐惧症。在地下空间中采用人工照明设施，虽然能满足日常生活和工作的需要，但是无法代替自然光线给人们的愉悦感，人长时间在人工照明中生活和工作，会反感和疲劳从而影响生活情绪和工作效率。因此，地下空间易使人在心理上产生封闭感、压抑感，从而影响地下空间的舒适度。

在地下空间环境中缺少地面的自然环境要素，如天然光线不足、空气流动性差、湿度较大、空气污染等，因此对生理因素的影响很复杂。天然光线不足是一项影响生理环境的重要因素，外界可见光与非可见光的某些成分对生物体的健康是必不可少的，如天然光线照射会使皮肤下血管扩张、新陈代谢加快，增加人体对有毒物质的排泄和抵抗力，紫外线还具有杀菌、消毒的作用。由于地下空间环境封闭、空气流动性差，新鲜空气不足，空气中各种气味混杂会产生污染，且排除空气污染较为困难。此外，地下空间中湿度很大，容易滋生细菌、促进霉菌的生长、人体汗液不易排出或出汗后不易被蒸发掉。在这种环境下滞留过久，人容易出现头晕、胸闷、心慌、疲倦、烦躁等不适反应。

环境心理与生理的相互作用、相互影响，会使得人们在地面建筑空间中感觉不到的生理影响被夸大，而这又反过来夸大了人们在地下的不良心理反应。

（二）地下空间环境心理舒适性营造

在现阶段地下空间的环境设计中，往往重视对物理（生理）环境要素如通风、光照、温湿度的控制，而容易忽视对人的心理舒适性因素的调节。地下空间环境心理舒适性主要表现在方向感、安全感和环境舒适感这三个方面。其中，方向感和安全感不难理解，而环

境舒适感主要包括方便感、美感、宁静感、拥挤感、生机感等诸方面。

1. 地下空间环境心理舒适性营造对象

（1）空间形态

地下空间是由实体（墙、地、棚、柱等）围合、扩展，并通过视知觉的推理、联想和“完形化”形成的三度虚体。地下空间形体由空间形态和空间类型构成，形式、尺度、比例及功能是其构成的要素，合理规划地下空间形态，可以改善地下空间环境，创造人性化、高感度的地下空间环境。

（2）光影

地下空间环境内的光影主要依靠灯光效果产生，也可以通过自然光引入。不同的光影效果可以给人带来不同的心理效果，好的光影效果不仅可以突出空间的功能性，还可以消除地下空间带给人的封闭感和压抑感等不良感受。

（3）色彩

色彩构成有色相、明度和纯度三个要素。色相是色彩相貌，是一种颜色明显区别于其他颜色的表象特征。明度是色彩的明暗程度，是由色彩反射光线的能力决定的。纯度是纯净程度，或称彩度、饱和度，反映出本身有色成分的比例。人们在色彩心理学方面存在着共同的感应，主要表现在色彩的冷与暖、轻与重、强与弱、软与硬、兴奋感与沉静感、舒适感与疲劳感等多个方面。感官刺激的强与弱可决定色彩的舒适感和疲劳感，因此，可以利用色彩刺激视觉的生理和心理所起的综合反应来调节人的舒适感和疲劳感。在公共交通导向系统的设计中，采用易见度高的色彩搭配不仅能提高视觉传播的速度，还能利用其较高的记忆率，增强导向系统的导向功能。

（4）纹理

纹理主要通过视觉、知觉及触觉等给人们带来综合的心理感受。例如，纹理尺度感对改善空间尺度、视觉重量感、扩张感都具有一定影响，纹理的尺度大小、视距远近会影响空间判断；纹理感知感是对视觉物体的形状、大小、色彩及明暗的感知，通过接触材料表面对皮肤的刺激产生极限反应和感受；纹理温度感通过触觉感知材料的冷热变化，物体的形状、大小、轻重、光滑、粗糙与软硬；纹理质感通过人的视觉、触觉感受材质的软与硬、冷与暖、细腻与粗糙，反映出质感的柔软、光滑或坚硬，达到心理联想和象征意义。

（5）设施

地下空间设施以服务设施为主，由公共设施、信息设施、无障碍设施等要素构成。其作用除了为地下空间提供舒适的空间环境外（使用功能），其形态也对地下空间起着装饰作用，两者都对人的心理感受起着一定的作用。

（6）绿化

绿化由植物、水及景石等元素构成。随着地下空间的发展，地下商业、地下交通的增多，越来越多的人停留在地下空间，人们更渴望拥有绿色地下空间，满足高质量的环境，提高舒适度。

（7）标志

地下空间的标志效应通过功能传达体现，具体包括：地下空间中标志具有社会功能，直观地向大众提供清晰准确信息，增强地下空间环境的方位感；地下空间中标志传达一定的信息指令，指引人群快速、安全地完成交通行为，满足人群的心理安全感；语音、电子及多媒体，提供多种信息语言交换更替的导向，如声音的传播、手的触摸和视觉信息等方面，展示、观看相关的资讯，改善封闭、无安全感的地下空间环境；标志系统创造地下空间的方向感、安全感，满足视觉传达功能的可达性、方向性。

2. 地下空间环境心理舒适感营造效果

（1）方向感

方向感就是通常所说的“方向辨知能力”。在地面上我们可以通过各种参照物进行方向的辨别，在地下空间中没有地面上那么多参照物，主要利用标志系统来进行地下空间方向的引导。除此之外，还可以利用空间、色彩、明暗的引导性来增强地下空间的方向感。一个信息不明、方向感混乱的环境往往会使人产生很大的精神压抑感和不安定感，严重时还会产生恐慌的心理感受；一个易于识别的环境，则有助于人们形成清晰的感知和记忆，给人带来积极的心理感受。

（2）安全感

安全感是一种感觉，具体来说是一种可让人放心、可以舒心的心理感受。地下空间让人产生的不安全的感觉主要来自人们对地下潮湿、阴暗、狭小、幽闭等不良印象和地下空间带给人的不良心理体验。好的地下空间环境设计会使人变得安心，丝毫感受不到身处地下，更不会觉得不安。

（3）环境舒适感

环境舒适感其实可以认为是良好的空间环境与人文艺术带给人的积极心理感受，可以是宁静、安详，也可以是欢快、愉悦。地下空间环境心理舒适性营造其实就是要营造这种让人感到舒适的环境氛围。

（三）地下空间环境设计的基本原则

城市地下空间环境设计，具体来说就是通过地下空间环境对人们产生的心理和生理两

个方面的影响进行分析，用室内设计和景观设计营造出舒适、具有空间感的地下空间环境。在城市地下空间环境设计中，应满足的一些基本原则如下。

1. 安全原则

为了让人们在地下空间感觉安全、舒适，在进行地下空间环境设计的时候，必须营造出具有安全感的环境氛围。设计时要注意以下三个方面的要点：

（1）肌理变化

采用不同肌理材质的建筑材料进行铺装有助于对人们的提醒、警示。如地下空间高差有变化的区域，可以对材质不同的建筑材料进行一定的装饰，或者可以利用颜色以及图案等互不相同的建筑材料进行装饰，吸引人们对空间高差的注意。

（2）色彩引导

日常生活中人们观察出来的颜色在很大程度上受心理因素的影响，它往往与心理暗示有着很紧密的联系。色彩还具有引导提示的作用，这点已经在地下交通空间中广泛运用。例如，红色表示禁止、蓝色表示命令、绿色表示安全等。

（3）照明设置

地下空间的一个很大局限性就是无法直接受到阳光的照射，因此，地下主要的采光手段就是灯光照射，所以，在设置灯光时一定要考虑到人们的生理以及心理等双重反应，对光源进行合理的布置和组织，能够让地下空间的路面有比较适宜的亮度，照明效果比较均匀，避免出现强光或者是闪烁给人们的活动造成不适感。此外，灯光的设置还要考虑到视觉上的诱导特性。

2. 舒适性原则

（1）声环境与噪声的控制

由于地下空间具有一定的封闭性，因此，机械运动发出的噪声造成的分贝强度要高出地面很多，如果人体长时间处于这种环境里，将会对生理方面产生很大的影响。此外，地下空间还有一定的隔绝性，因此，有些空间里不会出现人们日常生活中的一些声响，会有一种过分安静的感觉，很容易使人产生不适感。为了使人们在地下空间感觉舒适，应采用各种先进的技术控制方法，合理控制噪声强度。

（2）光环境与自然光的引入

由于人们对自然阳光、空间方向感、阴晴变化等自然信息感知的心理要求，在地下空间中，必须涉及自然光的引入。自然光在地下空间中充分使用既对人体健康有益，更是低碳环保生活方式的体现。通过自然采光的方式能够将地下环境的通风进行有效的改善，还能够使地下空间的层次感更加立体性，避免出现封闭以及阴暗等现象。总之，地下空间中必须有序地引入自然光，这对改善地下空间景观环境氛围有着极其重要的作用。

（3）热环境、温度及湿度的环境控制

由于地下空间具有热稳定性，受到温度的影响比较小，因此，在调节地下空间温度时只须根据地下空间的主要用途以及需求来操作即可。调节地下空间内的湿度则是一个非常重要的问题，由于地下空间湿度通常较大，必须设有控湿和除湿的设备，如空调、除湿机等。

（4）空气环境与空气整体质量的控制

地下空间由于其自身的一些特点，容易产生明显的阴暗潮湿现象，而且空气交换难度比地面建筑大，因此会产生更多的污染物。人长时间置身于污染气体浓度过大的环境中必定会影响身体健康，因此，必须采用相关技术措施增强其空气的流通性，改善环境，获得宜人的空气质量。

3. 艺术性原则

每一种社会形态都有与其相适应的文化，它是人类为使自己适应其环境和改善其生活方式而努力的总成绩。所以，地下空间环境的创造与设计，不仅要给人们带来生活上的便捷，还要能够满足人们在文化审美上提出的要求，在设计过程中能够表现出更多的艺术文化色彩。

4. 人性化原则

在地下空间的开发利用设计的过程中，要体现遵循人性化原则，设计方式大体有以下三种。

（1）无障碍设计

为了方便视障人士的出行，现今的地下空间中基本设置了盲道。此外，对于其他很多行动不方便的人来说，在地下空间相互转换的地方还要设置一些辅助设施确保他们的安全。

（2）信息导向系统设计

在地表下无法跟地面上一样分辨方向时可以参考相对的参照物，无法对方向进行准确的辨别。因此，在进行地下空间环境的设计过程中，就要专门设立信息系统进行导向。目前，我国各大城市地铁站的信息导向系统虽然还有很多方面要继续改进，但相比其他一些类型的地下空间设施来说，其设计水平相对来说比较成熟。

（3）配套服务设施设计

在不同的地下空间里，人们会从事不同的工作、行动及休息等。为了方便人们在地下空间活动，地下空间中必须设置必要的休息设施及配套服务设施，如座椅、报刊亭、电子

显示屏、洗手间、服务站等，同时这些设施设计应该满足人性化的需求。

5. 和谐性原则

在对城市整体设计的过程中，要将地下设计和地上设计看成一个整体，体现出整个城市的统一性，保持地上、地下的协调性。尤其是在设计地下空间的出入口时，要使其与周围环境相协调，采用色彩的过渡、植物景观的过渡等手法，来降低人们进入地下空间时的一些不适感。

二、城市地下空间的物理环境设计

营造舒适的地下建筑空间，需要设计良好的地下空间物理环境，主要包括光环境、空气环境、声环境、嗅觉环境和触觉环境，其中，光环境和空气环境尤其具有重要意义。

（一）光环境

光是地下建筑和室内设计的重要组成元素，人的信息感知的主要手段还是依靠视觉系统。所以，塑造地下空间内部良好的光环境，对于创造地下空间室内环境具有重要作用。光环境设计既涉及物理内容，也涉及心理内容。这里仅介绍其技术性能方面的内容。

1. 光源选择

光源选择应综合考虑光色、节能、寿命、价格、启动时间等因素，常用的光源有白炽灯、荧光灯、高强气体放电灯、发光二极管、光纤、激光灯等。

白炽灯是将灯丝加热到白炽的温度，利用热辐射产生可见光的光源。常见的白炽灯有普通照明白炽灯、反射型白炽灯、卤钨灯等。考虑到节能的要求，目前已经严格控制使用白炽灯，仅使用于一些对装饰要求很高的场所。

荧光灯是一种利用低压汞蒸气放电产生紫外线，激发涂敷在玻管内壁的荧光粉产生可见光的低压气体放电光源，具有发光效率高、灯管表面亮度及温度低、光色好、品种多、寿命长等优点。荧光灯的主要类型有直管型、紧凑型、环形等三大类。

高强气体放电灯（HID）的外观特点是在灯泡内装有一个石英或半透明的陶瓷电弧管，内充有各种化合物。常用的 HID 灯主要有荧光高压汞灯、高压钠灯和金卤灯三种。HID 灯发光原理同荧光灯，只是构造不同，内管的工作气压远高于荧光灯。HID 灯的最大优点是光效高、寿命长，但总体来看，有启动时间长（不能瞬间启动）、不可调光、点灯位置受限制、对电压波动敏感等缺点，因此，多用作一般照明。

发光二极管（LED）具有省电、超长寿命、体积小、工作电压低、抗震耐冲击、光色选择多等诸多优点，被认为是继白炽灯、荧光灯、HID 灯之后的第四代光源，目前已经普遍用于普通照明、装饰照明、标志和指示牌照明。

光纤照明是利用全反射原理，通过光纤将光源发生器所发出的光线传送到须照明的部位进行照明的一种新的照明技术。光纤照明的优点：一是装饰性强、可变色、可调光，是动态照明的理想照明设施；二是安全性好，光纤本身不带电、不怕水、不易破损、体积小、柔软、可挠性好；三是光纤所发出的光不含红外/紫外线，无热量；四是维护方便，使用寿命长，由于发光体远离光源发生器，发生器可安装在维修方便的位置，检修起来很方便。光纤照明的缺点：传光效率较低，光纤表面亮度低，不适合要求高照度的场所；使用时须布置暗背景方可衬托出照明效果；价格昂贵，影响推广。

激光是通过激光器所发出的光束，具有亮度极高、单色性好、方向性好等特点，利用多彩的激光束可组成各种变幻的图案，是一种较理想的动态照明手段，多用于商业建筑的标志照明、橱窗展示照明和大型商业公共空间的表演场中，可有效渲染商业气氛。

2. 光源色温

色温是光照明中用于定义光源颜色的物理量，是指将某个黑体加热到一定的温度所发射出来的光的颜色与某个光源所发射的光颜色相同时，黑体的温度称为光源的颜色温度，简称色温，单位为开尔文。色温低的光偏红、黄，色温高的光源偏蓝、紫。自然光的色温是不断变化的，早晚的色温偏低，而中午的色温偏高。另外，晴天的色温要比阴雨天的色温明显偏高。

光源的色温不同，光的颜色也不同，带来的视觉感觉也不相同。低色温的光源可以营造温馨浪漫、温暖、热烈的气氛，高色温的光源有利于集中精神、提高工作效率。光源的色温是选择光源时要考虑的重要内容，不同的色温能形成不同的空间氛围，适用于不同的场合。

3. 光源照度

光的照度一般用勒克斯（lx）作为强度单位。自然光源的照度随季节、天气、光照角度和时间的变化而极不稳定，从中午的最高 10000lx 到傍晚室内的 20lx 快速变化着。进入夜间后自然光源几乎没有了，就必须依靠人工光源。

一般情况下，室内空间既有一般照明，又有局部照明，两者配合使用可以获得较好的空间氛围和节能效果。当然，从安全的角度出发，还应设置安全照明。为了避免照度对比太强而引起人眼的不舒服，工作面照度与作业面邻近区域的照度值不宜相差太大。

此外，还要考虑避免眩光。对于直接型灯具（灯具可以分为直接型灯具、半直接型灯具、漫射型灯具、半间接型灯具、间接型灯具）而言，在选择灯具时应控制其遮光角。同时，内部空间的表面装饰材料应尽量选用亚光或者毛面的材料，不宜选用表面过于光滑的

材料，以避免产生反射眩光。

（二）空气环境

衡量和评价地下建筑的空气环境有两类指标，即舒适度和清洁度。每一类中又包含若干具体内容，如温度、湿度、二氧化碳浓度等。

1. 空气质量标准

地下建筑空间的空气环境质量涉及很多内容，如温湿度、空气流速、新风量、各类有害物质含量等，其中，不少指标直接影响人体健康和舒适度，必须在设计中严格执行。

2. 空气环境调节

在工程实践中，通常通过通风改善地下空间内的小气候，净化空气，并排出空气中的污染物，同时防止有害气体从室外侵入地下空间。常见的通风方式有自然通风、机械通风及混合式通风。

（1）自然通风

自然通风是指以自然风压、热压及空气密度差为主导，促使空气在地下空间自然流动的通风方法。在地下建筑中，自然通风一般以热压为主，自然风压和密度差较小，常见的自然通风形式为通风烟囱+天井/中庭，一般适合于埋深、规模和洞体长度不大的地下空间，但受季节气候的影响较大。

（2）机械通风

机械通风是指利用通风机械叶片的高速运转，形成风压以克服地下空间通风阻力，使地面空气不断进入地下，沿着预定路线有序流动，并将污风排出地表的通风方法。根据风机安设的部位，机械通风方法可分为抽出式、压入式和抽-压混合式。当地下空间轴向长度较大或大深度时，为了达到通风效果，主要采用机械通风。

（3）混合式通风

混合式通风是指利用自然通风和机械通风相结合的通风方法，适用于一些不能完全利用自然通风满足人的热舒适性和通风要求的地下建筑，尤其是位于温差较大的地区或深部地下空间的地下建筑。可在进风口设计空气净化设备，而在排风口设计能量回收装置，以利于节能。可调控的机械通风与自然通风相结合的混合式通风系统由于适应性强且具有较好的节能特性，在地下空间通风中广为采用。

（三）其他环境

地下建筑空间的声环境、嗅觉环境和触觉环境对营造舒适的内部环境也有很大的影响，需要设计师充分重视，协调各方面的因素，创造良好的使用环境。

1. 声环境

人在室内活动对声环境的要求可概括为三个方面：一是声信号（语言、音乐）能够顺利传递，在一定的距离内保持良好的清晰度；二是背景噪声水平低，适合于工作和休息；三是由室内声源引起的噪声强度应控制在允许噪声级以下。此外，有一些建筑，如音乐厅、影剧院、会堂、播音室、录音室等，对声环境有更高的要求，如纯度、丰满度等。室内声源发出的声波不断被界面吸收和反射，使声音由强变弱的过程称为混响，反映这一过程长短的指标称为混响时间。为了满足一般的要求，主要的措施是保持室内适当的混响时间，并对噪声加以有效的控制。

在一般的建筑设计和室内设计中，声环境设计主要包括降低噪声和保持适当的混响时间。此外，在公共场所还要适当布置电声设备，以供播放音乐和紧急疏散时使用。在地下建筑空间中，有时也会使用一些自然界的声音，如水流声、鸟鸣声等，配合自然景观，营造富有自然气息的环境，满足人们向往自然的心理需求。

地下空间的声学环境涉及背景噪声、声压级的分布特点及不同条件下混响时间的变化规律等方面。为了把地下空间室内噪声控制在容许值以下，地下空间声学环境调节的主要方法是隔声、吸声、减振，并对地下空间的形状进行合理规划。

2. 嗅觉环境

为了保持室内良好的嗅觉环境，首先要解决通风问题。通过加强通风设施，增加新风量和换气次数，不仅可以降低地下环境空气中的污染物含量和消除异味，而且清新的空气也能使人感到心旷神怡。

此外，影响室内嗅觉环境的另一个重要因素是室内的各种不良气体，如厨房内的油烟、因不完全燃烧产生的一氧化碳、装饰材料的气味、人体呼出的二氧化碳及自身产生的味道等都不利于人体健康。为保持地下空间良好的嗅觉环境，在工程使用中还应经常性地进行除臭净化工作，常用措施有物理除臭、化学除臭等。

在有些场合下，还要考虑气味对人们的影响。在地下空间环境中采用与自然环境相关的香味，如柠檬、茉莉花、薰衣草等香味，也是嗅觉环境设计的一个重要方面。

3. 触觉环境

在室内空间中如何处理好触觉环境也是要考虑的问题。一般情况下，人们偏爱质感柔和的材料，以获得一种温暖感，因此，在家庭室内环境中，常常使用木、藤、竹等天然材料。在地下建筑空间中，考虑到安全要求，一般使用具有不燃或难燃性能的人工材料，触感偏冷。因此，在符合安全要求的前提下，尽量选择触感较为柔软、较为温馨的材料、仿

天然纹理的材料，以满足人们的触觉舒适感。此部分的工作，通常结合在地下空间的室内设计中进行。

三、城市地下空间的心理环境设计

城市地下空间的心理环境设计，主要体现在地下空间的室内设计、标志系统设计、服务设施设置等方面，营造出舒适的、具有美感的室内空间，并使地下空间具有灵动的空间感、生动的视觉感，来综合提高人的心理舒适性。

（一）地下空间室内设计

室内设计是建筑设计的一个分支，建筑设计是室内设计的基础和前提，室内设计则是建筑设计的细化和深化。通俗来讲，建筑设计就是人的骨骼、肌肉等主体构造，室内设计就是人的服装、化妆品等。地下空间建筑设计考虑的是建筑与环境的空间关系、建筑的空间造型、建筑的内部功能空间布局等，而地下空间室内设计考虑的是建筑和内部空间、内部空间与人的关系，着重考虑的是室内空间的二次分割、色彩、光照、材质、人体工学等方面如何适应人的生理和心理要求等。

1. 室内空间设计

室内空间设计，是对建筑设计所划分的内部空间进行二次分割，是对建筑物内部空间进行再组织、再调整、再完善和再创造的过程。地下建筑的室内空间设计，是对地下建筑进行空间的二次设计，进一步调整空间的尺寸和比例，重新组织新的秩序，满足地下建筑在内部功能使用及流线上的要求，并决定空间的虚实程度，解决空间之间的衔接、过渡、对比、统一的问题，为人们提供安全、舒适、方便、美观的室内活动空间。

地下建筑的室内空间设计，通常要进行二次空间限定，它是在一次空间的基础上，根据建筑的功能需求，合理组织空间与流线，创造不同的空间。通常借助实体围合、家具、绿化、水体、陈设隔断等方式，创造出一种虚拟空间，也称为心理空间。地下建筑二次空间的形态构成有以下四种方式：绝对分隔，即根据功能要求，形成实体围合空间；局部分隔，即在大的一次空间中再次限定出小的、更合乎人体尺度的宜人空间；象征性分隔，即通过空间的顶、底界面的高低变化及地面材料、图案的变化来限定空间；弹性分隔，即根据功能变化可以随时调整分隔空间的方式。对于不同的建筑功能类型，不同的空间需求，可以灵活选择合适的空间分隔方式。

2. 界面设计

在地下建筑的二次空间分割中，必然会涉及围合空间的要素实体，主要包括底面

（楼、地面）、侧面（墙面、隔断）和顶面（平顶、顶棚），通过实体构件如地面、墙面、柱、梁、天花板、隔断、楼梯等实现空间的分隔。在空间布局和组织确定后，界面处理就显得尤为突出，界面的造型、材质选择、色彩搭配、灯光渲染、风格统一、整体城市形象的凸显是表现地下空间品质的重要环节，而界面本身的个性表达也要满足功能技术和空间审美层次的双重需求。

顶面设计是地下空间界面设计中最重要的工作。由于各专业的设备及管道大多经顶部铺设，这也导致顶面在地下空间的室内设计中考虑的因素较为复杂。顶面的造型根据空间主次关系进行分隔，具有一定的视觉引导性，如地铁车站站厅的中庭式顶面设置，让乘客定位自己身处的位置。地下空间室内顶面根据造型通常分为平面式、坡式、拱式、穹隆式、井格式、凹凸式、不规则式等。国内地铁车站最常见的是金属悬挂式的平面顶，顶面造型整体而富有变化。

墙体作为地下建筑空间最基本的构成元素，根据造型可分为直线式、曲线式、不规则式等。墙体不仅充当着承重、分隔空间、视觉装饰效果的作用，还影响着人员动态流线。地下建筑结构的墙面设计可以结合地下空间的装饰风格，更好地表现空间的主题。

地面是乘客直接接触的界面部分，应注重与顶面和墙面装饰的呼应关系。除了考虑地面的物理属性（防滑等），也应注意运用色彩、纹理等元素把地面与其他界面装饰空间和谐地结合起来，使得地面与其他界面形成很好的呼应关系，达到整体空间的艺术美感。

楼梯是地下空间的立体风景线，连接上下空间的纽带，良好的楼梯设计可以提升整个空间的品质和氛围感。楼梯形式大体分为弧形微旋向上式楼梯、直线倾斜向上式楼梯、螺旋向上式楼梯等。在地铁车站中，考虑到较大的客流量，以直线倾斜向上式楼梯为主。

柱体是地下建筑空间不可缺少的结构构件，现代柱式根据形态可以分为几何式、弧形式、不规则式等。柱体本身的形态设计在空间中尤为重要，应注意空间形式与柱子的形态协调性，如柱形的线条、肌理、色彩、灯光等，展现空间整体性或凸显的关系。

界面的个体呈现，应在视觉上和结构上相互衬托有一定秩序，使地下空间给人以整体感。所以，在设计的过程中，不宜把界面单独分开设计直至最后拼合成成品空间环境，应在明确设计主题的前提下，根据主题概念构成的设计要素，在保证整体空间装置统一性的同时，兼顾局部的个性化设计。通过个性与共性设计元素在立体空间中的相互呼应，最终使得立体环境变得整体柔和。

3. 色彩设计

地下空间内的色彩对人的心理有很大的影响，对于塑造良好的空间感、气氛、舒适度和提高空间使用效率有重要作用。良好的色彩搭配，能引起不同的心理感受，影响人的情

绪。色彩设计既有科学性，又有很强的艺术性。从室内空间的色彩构成而言，主要分为背景色彩、主体色彩和强调色彩。背景色彩主要是指顶面、侧面、地面等界面的色彩，一般常常采用彩度较低的沉静色彩，发挥烘托的作用；主体色彩主要是指家具、陈设中的中等面积的色彩，是表现室内空间色彩效果的主要载体；强调色彩主要指小面积的色彩，起到画龙点睛的作用，一般用于重要的陈设物品。

物体的色彩包括了明度、色相和纯度三个属性，在这三个属性中，明度是最重要的一个属性。明度高的色彩搭配会让人产生活泼、轻快的感受，明度低的色彩搭配会让人产生稳重、厚重、压抑的感觉。色彩搭配明度差比较小的色彩互相搭配，可以塑造出优雅、稳定的室内氛围，让人感觉舒适、温馨；反之，明度差异较大的色彩互相搭配，会得到明快而富有活力的视觉效果。地下空间适合选择明度高一些的色彩，既能起到色彩更多的反射光线，增加光照，减少照明能耗；也能减少人们在地下空间中的压抑、沉闷的感受，让人产生愉快、轻松的心情。

人们基于对物理世界的感受和经验积累，会对色彩产生冷、暖等感受，比如，红、橙、黄等色彩会让人产生与火焰、阳光的关联而产生温暖的感受，这样的色彩划分为暖色；而蓝、青等色彩会与水、冰等产生心理关联，会让人产生凉爽、冰冷的心理感受，这类色彩称为冷色。在进行地下空间的色彩设计时要充分考虑地下空间所在的气候区域、地理位置，选择适合的主色调。例如，在寒冷的地方，室内空气温度低，适合选择暖色调，这让人心理上感觉到温暖，甚至一定程度上能起到节能减排的作用。色彩对人的心理影响的运用还有很多深入的研究，比如，蓝色、绿色让人感觉干净整洁，橙色、红色让人感觉活力等。

4. 材质选择

空间设计、界面设计的效果最终都离不开材料，选择恰当的材料是获得良好空间效果的必要一环。材料的外观质感往往与人的视觉感受、触觉感受有关，同时也与视觉距离有关。

材料给人们的质感常常体现为粗糙和光滑、软与硬、冷与暖、光泽感、透明度、弹性、肌理等。在三维空间中，合理材质材料的运用常会比线条和图案的运用产生更高的视觉趣味性，例如，天然粗糙材质的表面可以产生复杂的光影效果和由于触觉所带来的温暖感等。有时，局部暴露的岩石墙壁与由木材装饰的天花板、墙壁结合使用，加上间接光源的使用，会产生一种特殊的效果。

围合地下建筑内部空间的表面处理，可以结合色彩、线条、图案以及材质进行灵活运用，这些要素的合理组合有助于强化空间的宽敞感，丰富视觉感受，创造一种高质量的室内空间环境。

5. 室内家具与陈设设计

地下空间的室内设计还包括家具、陈设、织物和绿化等“软装设计”，它有助于帮助实现内部空间的功能、提升内部空间的品质、营造内部空间的氛围，是室内设计整体的一个重要部分。

（1）家具

家具是人的活动必需的器具，也是满足室内空间使用功能的重要部分。家具的种类繁多，按照风格来分，可以分为中式家具、欧式家具等；按照材质来分，可以分为木制家具、金属家具、藤编家具、塑料家具等；按照使用人的类别来分，可以分为公共家具、家居家具等。在选择地下空间室内家具时要考虑使用功能、安全、室内空间的大小、色彩、表面肌理以及耐久度等因素。例如，对于地铁站厅的家具，一般采用简洁大方、安全、方便清洁、耐久的金属、木制、高分子塑料家具。家具的设计、选择和摆放，对室内空间来讲也是再一次的空间组织、空间分割和空间丰富的过程。

（2）织物

织物包括地毯、窗帘、台布、工艺品等，在室内环境中除了实用价值还具有较强的功能性、装饰性，是室内设计重要的设计元素。用于室内空间的织物可以分为实用性织物和装饰性织物两大类。

（3）陈设

室内的陈设的定义界限很模糊，大致分为功能性陈设和装饰性陈设两类。功能性陈设具有一定的使用价值，同时也有装饰性，如自动售货机、自动售票机、垃圾桶、饮水机等；装饰性陈设以满足审美需求为主，具有较强的精神功能，如绘画、雕塑、壁画、各类装饰工艺品等。陈设的种类很多，总体而言，在陈设的选择时，要满足空间功能的需要、考虑所处室内空间对陈设品的要求以及周边环境的需要。

6. 绿植、水体

绿化、水体等自然景观元素是自然环境中最普遍、最重要的要素之一。人在地下空间活动时，只有感觉到与外部世界保持着联系，才能感到安心。把绿化、水体等自然景观元素引入地下空间中，是实现地下空间自然化的不可缺少的手段，可以让人联想到外部自然空间，消除潜意识中不良的心理状态，具有生态、心理、美学等方面的意义，而且对于改善地下空间环境质量有显著的效果。

在地下空间内部布置绿植，有利于环境的美化，满足人们亲近自然的心理需求。随着种植技术、采光技术的发展，越来越多的绿色植物进入地下空间，给地下空间带来了生机。在地下空间布置绿植，可以提供部分氧气，吸收部分二氧化碳，改善空气质量；可以

吸收部分的噪声，在提高声学效果上起到一定的作用；可以起到空间限定的作用，丰富空间层次；植被轮廓线条的多样性是增加空间趣味性的方法之一。

构成地下空间室内庭院景观效果的元素中，除了绿化外，山石、水体一样是建筑空间的重要组成部分，具有美化空间、组织空间、改善室内小气候等作用。水体不仅具有动感、富于变化，更能够使空间充满活力。它在改善人们的空间感受、增强空间的意境、美化空间造型等方面，都具有极其重要的作用。设计中常用的水体有瀑布、喷泉、水池、溪流等，这些水体与水生植物、石叠山、观赏鱼等共同组景，除了能带来视觉上的吸引力，将无形的水赋予人为的美的形式，还能够唤起人们各种各样的情感和联想。

创造能直接欣赏水景、接近水面的亲水环境，可以使人们在视觉、触觉、听觉上都能感受水的魅力，以增强人们与自然的联系。同时，在地下空间环境设计中，绿化和水体山石常常相互组合搭配，共同创造出和谐、舒适的自然环境。同时，地下空间水体的营造也要注意避免其负面的影响，如地下水体的营造、运维需要不菲的资金投入，地下水体会增加地下空间空气的湿度等。

7. 照明设计

光是建筑设计和室内设计中非常重要的元素，除了满足物理要求（视觉、健康、安全等方面）外，还要充分考虑人的心理和情绪要求。室内空间的照明，可以起到装饰元素的表达、空间环境氛围渲染、空间环境内容丰富、基于地域文化的归属感共鸣等作用，对于创造良好的室内环境和心理舒适性营造具有重要的作用。

（1）光线的种类

光线包括自然光和人工光。太阳光经大气层过滤后到达地球表面，并在地面产生漫反射，这种直射的阳光和经过漫反射的光线混合后，就形成了自然光。与自然光相对应的是“人工光源”，主要是指我们平时用的各种照明设备。

（2）采光方式

①天然采光。在地下建筑中，应尽可能透过侧窗与天窗，为建筑物提供自然光线。天然采光不仅仅是为了满足照度和节约采光能耗的要求，更重要的是满足人们对自然阳光、空间方向感、白昼交替、阴晴变化、季节气候等自然信息感知的心理要求。同时，在地下建筑中，天然采光的形式可使空间更加开敞，并在一定程度上改善通风效果，而且在视觉心理上大大减少了地下空间的封闭、压抑、单调、方向不明、与世隔绝等不良心理感受和负面影响。此外，由于太阳光中紫外线等的照射作用，天然采光对维护人体健康也是有益的。因此，天然采光对于改善地下建筑空间环境具有多方面的作用。常见的天然采光的地下建筑形式有半地下室及地下室采光井、天窗式地下建筑、下沉庭院式（天井式）、下沉

广场、地下中庭共享空间式等。此外，目前也发展出了主动太阳光系统，将自然光通过孔道、导管、光纤等传递到隔绝的地下空间中。

②人工照明。在地下建筑中，很难完全依靠天然采光，即使可以通过天然采光，也很难使自然光到达建筑内部的所有空间。因此，人工照明作为自然光的补充是必不可少的，也是地下空间中最主要的采光方式。

(3) 照明环境设计

在进行室内人工照明设计时，应综合考虑照度、均匀度、色彩的适宜度以及具有视觉心理作用的光环境艺术等，从整体考虑确定光的基调及灯具的选择（包括发光效果、布置上的要求、自身形态），争取创造出符合人的视觉特点的光照环境。

照明的设计要符合室内空间的功能需求。不同的用途、不同的功能、不同的空间、不同的对象要选择适合的照度、适合的灯具和照明方式。会议室的照明设计要求亮度均匀、明亮，避免出现眩光，一般适合采用全面性照明；商业展示的照明设计，为了突出商品，吸引顾客，适宜采用高照度的聚光灯重点照射商品，突出显示商品来提高商品的感染力，以强调商品的形象。

同时，照明设计也是室内设计所运用的重要手段，起到了装饰美化环境和营造艺术气氛的作用。灯具的造型可以对室内空间进行装饰，增加空间的层次、渲染空间的气氛。照明设计师通过选择灯具的造型、材质、肌理、色彩、尺度，控制灯光的照度、照明方式、色温等，采用投射、反射、折射等多种投光手段，创造出适合不同场景、不同人群需要的艺术气氛，为人们的心理需求添加丰富多彩的情趣。

（二）地下空间导向标志系统

相比于地上空间，地下空间往往比较封闭、缺少空间参照物、缺少自然元素，因此，人们在地下空间中非常容易迷失方向，随之产生紧张、恐慌等不良心理感受，不利于高效使用地下建筑空间。所以，地下空间的导向就显得尤为重要，目前，通过在各类地下空间内设置完善的导向标志系统来解决或改善此问题。

1. 导向标志的概念及分类

导向标志系统是设置在特定的环境中，以安全、快捷为前提，并通过各种类型的符号、文字、标志牌以一定形式或者顺序关系组成的一个视觉信息系统。在导向标志系统中，包含了多种形式的设计，如标志、标志牌、告示板、图形、符号等，是环境信息的载体，将空间信息传递给地下空间内的人群，使他们安全、顺利地完成各项活动及行为。

根据导向标志系统中不同标志牌的具体功能，可将导向标志系统分为以下五类：

（1）引导类标志

此类标志是将地下空间中组织人流进出以及引导人们行为发生的最直接要素。它一般通过箭头等指示来实现其引导的手法，通常标志方向（进、出）及特定场所信息等。此类信息在内容的表现形式上，除了惯用的文字信息外，通常还会运用到象征性的图形符号以及色彩系列标志等。

（2）确认类标志

此类标志一般用于对空间功能、位置等的确认。在地下空间功能分区中，需要明确的信息指引与确认。对此类标志通常采用识别性高、简单明快的方式表现。此外，还要结合具体的结构形式从而表现出整体的统一性。

（3）信息资讯类标志

此类标志一般用于提供出行必要的相关信息，如路线、站点、周边信息等。标志放置的位置会根据需要有所不同，但在流线设计的节点部位都会设置。这类标志信息的内容应满足大多数人群的多样化需求，同时在设计的编排上应简单明了并结合多种形式表现，如示意图、文字等的综合表达。

（4）宣传说明类标志

此类标志旨在说明相关事物主题的内容、操作方法以及在地下空间环境中所须遵守的相关法律法规，或者有关活动内容等。

（5）安全警示类标志

为方便人们安全、快捷地活动于地下空间场所中，通常会设置不同项目的安全警示标志，用以提醒人们对地下空间中诸多设施及设备的使用方法和注意事项，从而提高便利与安全保障。

2. 导向标志系统布置原则

设置导向标志系统要达到的效果是：在标志系统完善的情况下，标志系统能“主动”地指挥人群的合理流动，而不是“被动”地等待人们来寻找、发现。要达到这样的要求，对于导向标志系统的布置应当遵循以下原则：

（1）位置适当

标志系统应该设置在能够被预测和容易看到的位置，以及人们须做出方向决定比较集中的地方，如出入口、交叉口、楼梯等人流密集之处，以及通道对面的墙壁、容易迷路的地方等。

（2）连续性原则

连续性作为形式的重复与延续，加强了人的知觉认知记忆的程度和深度，所以，标志系统应连续地进行设置，使之成为序列，直到人们到达目的地，其间不能出现标志视觉盲区。但要注意的是，标志之间距离要适当，过长则视线缺乏连贯及序列感，过小会造成视觉过度紧张，可视性差。

（3）特殊处理

一般的出口标志可设置在出口的上方，但是如果考虑到出现意外的情况，如火灾、烟雾向天花板聚集，出口上方的标志可能被挡住，则要在主要疏散线路的出口附近的较低的位置处，设置出口标志。例如，疏散指示灯的安装位置，一般设在距离地面不超过 1m 的墙上。

3. 导向标志系统设计原则

导向标志系统具有较强的专业性，一般由视觉传达设计或相关专业的人士负责设计。建筑设计及室内设计人员应该与之配合，提出相应的要求，使之既符合标志物的要求，又符合室内空间的需求，取得完整的整体效果。此处仅简要介绍相关的设计原则。

（1）醒目性

标志系统在视觉上一定要醒目，重要的标志要能达到对人的视觉有强烈的冲击效果。如简单的标志图形和大面积的背景色，突出了标志的强烈视觉效果，有效地、快速地抓住了人们的注意力，使人们印象深刻。醒目的另外一个方面是标志上的文字、符号等要足够大，以便人们能从一定的距离以外就能看到。但要指出的是，不能只强调一个“大”，而忽视标志自身尺寸与所在空间尺度的协调，因为标志另外的一个功能是对地下空间环境起着美化和点缀作用。另外，标志及其所用文字、符号的大小要与人们的阅读距离相协调，还要考虑人们是处于静止还是运动的识别状态，视具体情况而定。

（2）规范性和国际化

标志系统设计的规范性是指用以表达方向诱导标志信息内容的媒体，如文字、语言、符号等，必须采用国家的规范、标准以及国际惯用的符号等，使人们易于理解和接受。另外，对同一类型的地下空间设施，其方向诱导标志的设计风格也应保持一致，形成一个较为稳定一致的体系，以免引起人们的误解。对于可能有外国人出入的地下空间，还应考虑到采用外文作为信息传递的媒介。

（3）区别性

方向诱导标志必须和其他类型的标志，诸如广告、告示、宣传品、商业标志和其他识别标志等区别开来，以免人们混淆而影响到方位、方向的判断。

（4）简单便利

简单是指方向标志上的词句必须简洁明确，尽可能地去掉可有可无的文字，让人一目

了然。便利是指人们在正常流动的情况下就能方便地阅读和理解标志上的内容，而不必停下来驻足细看，从而影响人流的连续移动，造成不必要的人流阻塞。

（5）内容明确性

内容的确切性是指方向诱导标志上的内容应该采用众所周知的专门用语和正确的内容，所指内容尽可能具有唯一的理解性，以免引起人们的误会。

（6）满足无障碍需求

无障碍导向标志是一种专用的方向诱导标志，它采用专门的方式和特定的符号，以特殊的布局要求进行设计，完善无障碍的导向标志不仅为残障人士出行、活动提供了保障，同时也是一个城市精神文明与现代化的具体体现。

4. 导向标志系统色彩

标志色彩应该按照统一的规定制作，做到设置醒目、容易识别，迅速指示危险，加强安全和预防事故的发生。根据相关规范的规定，采用红色、蓝色、黄色、绿色作为基本安全色，其含义和用途如下：红色——禁止、停止，用于禁止标志、停止信号、车辆上的紧急制动手柄等；蓝色——指令、必须遵守的规定，一般用于指令标志；黄色——警告、注意，用于警告警戒标志、行车道中线等；绿色——提示安全状态、通行，用于提示标志、行人和车辆通行标志等。

5. 导向标志系统布置形式

按布置形式和设置位置，导向标志系统可以分为如下五种。

（1）吊挂式（吸顶式）标志

地下空间中的吊挂式标志多采用灯箱式。这种标志的特点是能够用在光线较弱的环境中使用，尤其是吊挂的“紧急出口”标志，在非常状态下，断电时仍可清晰、明显地为乘客指出逃生方向。这类标志系统主要悬挂于室内，如商场、超市或一些规模较大的办公场所等，其特点决定了它能够满足使用者处于运动识别状态中的瞬间认知。

（2）看板式（地图）标志

看板式标志系统主要置于室内建筑物内的交叉口处，如商场、超市或一些规模较庞大的办公场所等。看板式标志系统在地下空间（超市、商场等）中多安置于交叉口处，是为了满足使用者处于静态识别的认知需求。这种地下空间中的人流聚集点，人们在此处要进行方向选择决定，希望标志系统能够提供相对比较详细的信息，多嵌有地下空间的地图。

（3）墙壁式（粘贴式）标志

墙壁式标志也称作平面式或粘贴式标志。从人体物理学角度来看，粘贴式标志视觉范围小，适合近距离查看，但可以拥有大的信息量，使用者在此类标志上一般目光滞留时间相对较长。墙壁式标志系统主要用于车站、码头等候车（船）区，也用于超市、商场等室内建筑物内出口处。在地下环境中，墙壁式标志系统多用于地下与地上的衔接点，也就是地下空间的出口位置。如果使用者在陌生的地下空间能够看到比较熟悉的地上空间的标志性建筑，找到正确的出口也就变成很轻松的事情。

（4）屏幕标志

屏幕标志的设计最能够体现信息现代化、自动化的水平。屏幕标志多用于站台上显示等待列车所需时间。个别的屏幕标志还播放一些服务信息，为使用者提供更多的方便。新型的屏幕信息标志基于计算机技术的发展，用触摸系统实现了人与查询平台间的互动，使用者可以根据查询平台的提示，选择自己需要的信息。

（5）卷柱式标志

在站台上、柱子上的标志可以补充悬挂标志显示不足的位置。在狭长或面积很大的地下空间中，利用柱子来张贴标志，直观明确，易于实施。

（三）地下空间服务设施

地下空间内布置的服务性设施，不仅是为了满足建筑功能的需要，还起到了一定装饰和美化空间环境的作用，两方面都对人在地下空间中的心理感受起着一定的作用。目前在地下空间中布置的服务设施，主要包括无障碍设施、公共服务设施及人性化设施等。

1. 无障碍设施

无障碍设施是指保障残障者、老年人、孕妇、儿童等社会成员通行安全和使用便利，在建设工程中配套建设的服务设施。在地下空间的无障碍设计中，不但要考虑在地下空间内部设置完善的无障碍设施，还要在出入口等口部范围内也设置相应的无障碍设施，以提高使用地下空间的便利性。

（1）无障碍设施的种类

无障碍设施通常包括无障碍通道（路）、电（楼）梯、平台、房间、洗手间（厕所）、席位、盲文标志和音响提示及通信设备，在生活中更是有无障碍扶手、沐浴凳等与其相关的设施。在地下空间中，经常会遇到的无障碍设施主要有轮椅坡道、盲道、无障碍出入口、无障碍楼梯和台阶、无障碍电梯和升降平台、无障碍厕所、扶手等。

（2）无障碍设计的原则

为减少特殊需求群体进出及使用地下空间的不便所造成的心理负担，地下空间中应设置合理、完善的无障碍设施，通常需要满足的设计原则包括：

①安全性。安全是公共空间必须考虑的一个关键元素，地下空间也不例外。对于残障

人士等弱势群体的特殊情况而言，由于生理机能或心理上存在缺陷，对危险的应变能力也比较有限，即使已经感知危险，也很难快速选择避开，所以，在地下空间无障碍环境中，必须把安全放于第一位。具体的一些措施包括设置能简洁快速传达信息的导向设施、设置方便轮椅使用者和使用手推车的残疾人顺利进出的通道等。

②便捷性。无障碍设计的便捷性是力图让使用地下空间的所有人，都能够简单明了、方便快捷地操作使用地下空间环境中的各类设施。设施要满足残障人士的身体尺度和行为活动的特殊要求，同时也应该考虑老年人和儿童等设计对象，并且减少他们对其他人的依赖性。

③适用性。与健全人相比，残障人士在身体机能上存在某些方面的缺陷，需要辅助工具来生活，所以，在地下空间的设计中应充分考虑残障人士行动力的空间尺度，以及他们在视力、听力、触觉上的感应。在开发无障碍环境及设施时考虑特殊的尺寸、材质、布置方式等均要依据残障人士的生理心理需求特征，做出适用性的设计，以便残障人士使用。

④公平性。地下空间中的设施设备不仅是为残障人士提供便利，还要兼顾其他使用人群，例如携带重物行李的乘客、儿童推车、妇女、心情抑郁者等。也要为健全人提供人性化的便利空间，在满足残障人士特殊要求的同时，兼顾健全人的使用要求。

⑤可及性。无障碍可及性是指残障人士能够方便地感知、到达并使用各种环境设施，以完成自己的行为和目的。可及性原则的基本要求，就是要使残障人士能够到达建筑环境中的任何地方，像健全人一样能够安全方便地使用设施。

（3）无障碍标志

在地下空间中应系统性、全方位体现信息源，以适应各类型残障人士和普通乘客的不同需求，例如，各种符号和标志引导行动路线，可帮助其到达目的地；以触觉和发声体帮助视残者判断行进方向和所在位置；使残障人士最大限度地感知其所处环境的空间状况，消除引起其心理隐忧的各种潜在因素等。凡符合无障碍标准的通道空间，能完好地为残障人士的通行和使用服务并易于残障人士识别，都应在显著位置安装国际通用无障碍标志牌。根据需要，标志牌的一侧或下方可同时辅以文字说明和方向指示，使其意义更加明了。

2. 公共服务设施及人性化设施

根据地下空间的使用功能需求，需要在地下空间环境中布置一些公共服务设施，如自动售票机、自动充值机、资讯台等。随着人性化实践的逐步推进，满足人们多样化需求的设施也逐步多样化，如休息座椅、垃圾桶、直饮水机、储物箱、自动售货机等，同时这些设施也往往兼具了空间环境中艺术小品的审美功能，在满足使用功能的前提下，给空间环境带来了诸多乐趣。

第五章　城市交通规划与设计

在城市交通问题愈加显著的今天，越来越多的人意识到解决交通问题的重要性。仅仅依靠建设是不够的，而是应将交通管理放在与建设同等重要的位置上来。并且，在交通网络初具规模后，对交通问题的处理，现代化的交通管理具有显著作用但由于在实施中，交通管理部门未有充分的理论知识作指导，且决策手段也较为缺乏，因此盲目管理情况也极为严重的存在于交通管理中，从而也就减弱了交通管理的作用。

第一节　城市交通系统与土地利用

一、城市空间形态

（一）城市空间布局

1. 圈层式结构

对不同级别、不同地域的现有城市分析表明，以同心圆式的环形道路与放射形道路作为基本骨架的“圈层式”城市发展格局使城市各区域的发展机会均等，城市边界明确，市中心地位突出，城市总体形象完整，市中心过境交通压力小，城市各区域及城乡之间交通联系得以加强等。

2. 轴向发展结构

以城市轴向发展形态作为现代城市发展的一种布局方式，并在规划中加以应用，城乡经济与城市建设的自发性是促成轴向发展的社会基础；城市对外交通干线则是形成轴向发展的基本条件，通过交通纽带，发展地带能方便地同城市中心相联系，并在沿线一定范围内可以充分利用这些交通条件，发挥土地的效用，借以维持轴向发展的促进条件。此外，还有自然环境条件和地理位置对城市轴向发展也有一定影响。

对城市轴向发展形态而言，城市发展轴的选择是十分重要的战略性决策，必须从经济效益、城市布局和城市各个轴向的发展条件进行综合比较论证；同时，轴向发展由于涉及

地区性发展的许多问题，在交通基础设施建设与管理、发展走廊与绿楔的维护方面，要从规划、建设、立法、政策等各方面给予措施和保证。另外，随着交通的发展和人口的增长，城市中心区出现交通负荷加重，须采取交通疏散（设置环形道路、平行出入口道路等），分散市中心职能，限制轴线的伸长以及充实或改变走廊的机能等措施。

3. 团状结构

在一些超级大城市，当城市中心能量积累到达一定程度，渐进式外延难以满足城市发展要求时会在中心城区相隔一定距离的地点跳跃式发展，形成城市边缘区内成组、成团布局形式，以分散中心城区的功能，减轻其压力，同时也能有效地避免城市“摊大饼”式的蔓延。各集团虽有各自主要发展功能，但各集团生产、工作、生活、居住、娱乐等各项设施齐全，且具有各自的商业和文化中心，并尽可能做到就近工作、就近居住、就近解决日常生活问题。

（二）城市空间结构变迁与交通作用机理

城市空间结构形态与交通之间有着密切的关系。城市结构由地理特征、相对可达性、建设控制、动态作用四个要素组成，而城市外部空间形态和内部空间变动具有城市空间增长的周期性、轴向发展和功能结构互动三大规律。

交通指向概念最早出现在地理学者关于“区位论”的研究中，指在区域发展和城市建设中，发展用地的区位选择受到交通的指向作用。城市形成与交通系统提供的通达时间有关，某一方向如果配置的主要交通工具速度较快，受交通指向性作用，容易形成用地伸展轴，推动城市用地的不断轴向扩展，城市用地轮廓的大小一般不超过主要交通方式 45min 的通行距离。

相对可达性指到达一个指定地点的便捷程度。地理学者将可达性称为潜能。相对可达性较高的地区必然位于城市空间拓展阻力最小的方向。

各种机动化交通工具组成关系（方式结构）决定了城市的机动性，一般分为两类，即小汽车机动性和公交机动性，代表两种典型交通方式结构。基于小汽车交通模式，变化的时空关系推动了城市范围扩大，郊区由于小汽车可达性的提高而得到了发展。对于公交系统，由于其运营存在规模效应，要求车站周边采取紧凑、高密度的开发方式。城市机动性决定了城市空间轴向发展模式，形成了不同的扩展轴，也决定了土地可达性，机动性正是通过可达性来影响城市空间演变模式。

城市用地拓展表现为交通指向性作用的结果，相对可达性决定交通指向性，而相对可达性取决于城市机动性。在土地利用和交通互动的单向循环系统中，相对可达性是表征土地使用、交通需求、交通供给三者内在关系的指标。因此，要有序引导城市空间增长，对应城市空间格局，制定城市交通策略，通过交通需求管理，调控土地可达性，引导城市空间有序增长。

二、交通网络与城市空间形态

现代城市的发展与交通运输网络密切相关，其对城市的布局形态有着直接的影响。交通运输系统对于促进城市中心的发展及中心体系的形成、促进城市发展轴的形成等有着重要作用。不同的城市空间布局决定了城市运输网络形态，城市运输网络形态又影响着城市未来空间布局。下面分别分析不同类型城市空间布局的运输系统与城市空间扩张形态耦合的基本模式。

（一）团状城市

团状结构的城市通常位于平原地区，城市中心起源于具有优越交通条件的地区，并因此在整个城市中起支柱的作用。团状结构的城市规模一般较大，往往具有一个强大的市中心，围绕着市中心区范围内，分散分布着城市的边缘集团（组团），离 CBD 更远的地方是城市的卫星城镇。

对团状城市，与城市空间形态相适应的交通运输网络可分为两种类型：一是放射+环形结构的城市交通运输网络系统；二是混合形结构的城市交通运输网络系统。

放射+环形结构的城市交通运输网络是由在市中心区两两相交，为中心团块和边缘团块及卫星城镇间提供便捷的放射网状线和内外环线组成。其中，放射网状结构的交通运输网络为城市中心团块和边缘团块提供了便捷的联系，加快了城市边缘团块和卫星城镇的发展，减轻了中心团块在用地、就业和交通等各方面的压力，使城市土地利用的空间结构趋于合理化；而中心团块的环形交通运输线既起到截流的作用，又可提高网络和换乘站的密度，更加刺激了市中心区的高密度混合开发；中心区外围边缘团块的外环交通运输线，可大大提高分区中心的可达性，有助于引导和加快城市副中心的形成。

混合型结构的交通运输网络布局可以是棋盘式，也可以棋盘+环线结构等，但必须是开放式的，从而提供延伸到边缘集团或城市副中心的交通条件，加快边缘集团或城市副中心的开发；而利用放射结构的区域交通运输线联系各卫星城和中心团块，可加快中心团块内人口疏散的进程，促进卫星城镇的发展，并且这种放射结构的区域交通运输线通常并不进入市中心区，而往往是交于内环线，通过换乘枢纽站点与内环间相互换乘，以减轻市中心地面交通的压力。

（二）带状城市

带状结构的城市通常有一个强大的市中心。市中心区往往是城市人口高度密集的地方，商业、金融业、娱乐业等第三产业高度发达，各种齐备而完善的功能设施为市郊居民提供了就业机会和娱乐场所，对城市居民和房地产开发商产生很大的吸引力，加上市中心区面积有限，地价高昂，房地产商往往对市中心区进行高强度的开发。在市郊，轴向结构的城市主要沿交通发展轴发展，带状城市一般沿轴线高密度开发，通过放射网状结构的运输系统支持城市轴向发展结构，引导城市在市中心高密度开发，在市郊高密度的面状开发，形成一种形如掌状的轴向结构的城市。因此，带状发展结构的城市与放射网状结构的运输系统是一种理想的结合模式，通过放射状的运输系统为带状发展结构的城市提供发展轴，城市建设沿轴线加密，轴间不允许交通运输网络再修其他建筑物。

（三）分散组团城市

组团式结构城市的形成基本上是由于自然因素造成的，如江河、山川的阻隔，这些城市通常位于当时的交通干道上，如河流的交叉点上等，因此，这些城市的老城区通常位于河流的交汇处，但随着城市规模的扩大，原来老城区已无法满足进一步发展的需要，城市就跨过江河与山川形成其他组团，从而形成了组团式结构的城市，如广州、重庆、武汉、宁波等。

对于组团式结构的城市而言，首先，由于其他组团与中心组团在基础设施方面存在着很大的差异，中心组团相对于其他组团而言，无论在就业还是在购物娱乐、文教卫生等方面具有一定的优越性；其次，由于市中心区位于中心组团，使得中心组团的客流密度远远高于其他组团，加之中心组团开发较早，用地紧张且结构复杂，没有更多的用地用于城市道路建设。因此，从组团式结构的城市空间结构发展角度而言，交通运输网络布局应有助于大幅度改善其他组团与中心组团用地的不等价性，加快其他组团的发展，减轻中心组团在就业、交通、社会诸方面的压力，推进城市结构的合理调整，从而为组团式结构的城市居民活动提供良好的相互联系。

放射状运输网络可与组团状城市空间形态良好整合，以城市中心组团为中心，沿着放射状的公共交通线路的站点形成城市次中心。核心区是高密度发展的商贸和高级办公等用地，沿着放射状的公共交通线路的站点周围是具有吸引力、设计良好、适宜步行的高密度、紧凑发展的办公、居住和商业综合体和混合组团。这些组团内部功能也相对独立，并不完全依赖于 CBD。其他地区是低密度发展的地区，其间增加绿地、道路和广场用地等开敞空间。

三、交通系统与用地开发

（一）交通方式与用地开发

1. 交通方式与城市密度

各种交通方式有其各自不同的特点，它和城市土地使用的相互关系会不同。步行交通适于短距离活动，是城市形成初期的主要交通方式，城市用地比较紧凑、密度很高，在现代城市则适于紧凑布局的区域，如高密度的居住区、商业区、娱乐区等。自行车作为私人交通，适于步行范围以外的中短途出行，由于体力关系，距离以 4～6km 为宜，这种方式不会引起城市密度过度降低，是公共交通有益的补充。私人机动车包括摩托车、小汽车，出行距离大，不受体力影响，适应各类距离的低密度分散活动，使城市布局向分散、低密度的方向发展。公共交通包括公共汽（电）车、地铁、轻轨等，适于建筑、活动密集地区中长距离的交通运输，对规模效益要求高，一般与城市中心联系紧密，有促进市中心向高密度与大范围发展的作用；沿线及站点的可达性高，使城市活动密集度由内而外递减，能引起城市以较高密度地向外指状发展，各站点与枢纽形成密集区，这种布局也会促进公共交通的使用。各种交通方式各有其优势，而且城市居民的需求各种各样，所以，城市布局最好能够满足多方面的交通需求。

各种交通方式对城市用地布局和密度的影响在一定程度上也体现在城市人口密度上。

2. 交通方式与城市用地强度

城市交通方式与城市用地形态的形成有密切的关系，交通工具的发展和道路条件的改善，减小了居民对居住地与工作地选择受交通条件的制约，进而影响着居住和就业岗位的地点及数量，大大拓展了居民的居住范围，引起了城市空间用地布局和密度的深刻变化。城市主要交通工具的活动量越大，城市内聚力越强，所形成的城市也多呈紧凑布局的形态，如公共交通产生密集的土地利用，而私人小汽车在某种程度上促进城市分散化。

我国的许多城市在特定的经济条件下形成了紧凑的城市形态和高密度用地混杂的开发模式，形成了特有的交通方式和结构，不同的城市中心之间应通过高效的公共交通系统连接起来，人们可以通过这种交通工具便捷地到达城市各个地区。这种“紧凑”的城市布局将能最大限度地利用城市空间，并可以将对汽车的依赖减少到最低程度，从而达到减少污染、保护环境的目的。

3. 公共运输导向下的城市土地开发

典型的公共交通社区是半径长度为步行距离的多用途混合用地，以公交车站为门户，

公共广场及商业和服务设施围绕站点布置，形成社区中心，周围布置居住或其他建筑。整个社区的建筑密度由中心向外逐渐降低，临近中心设停车场，方便驾车的人使用中心的设施或换乘公交。同时，与公交系统结合的房地产开发更容易获得商业上的成功，不同功能的用地混合布置，有利于提高一个地区的经济活力，吸引居民使用公共交通。在城市中建设一系列公共交通社区就能形成利于公共交通服务的土地利用形态。这种土地利用形态反过来刺激人流集中的建设用地进一步向公交车站周围集中，因而培育新的公共交通社区，如此不断反复的交互强化作用最终可以保证公共交通在城市中占据主导地位。

为加强城市用地规划和公共交通规划的协调性，应将公共交通的发展规划与城市空间结构、片区土地开发、街区（邻里）土地开发的细部设计紧密结合起来，合理布设公共交通线网和站点，在各个规划阶段中倡导具有公交导向的用地形态和布局。

在制定城市发展目标、明确城市发展轴线、合理进行人口和产业布局的同时，应合理地规划与之相适应的公交线网总体布局和线路走向，引导城市有序拓展。在充分考虑片区与城市发展关系时，一方面，公交线网站点的选址必须根据城市用地现状和规划情况，选择邻近高强度、高密度开发的地段布设站点；另一方面，在充分考虑线路走向和站点布设的基础上，对公共交通沿线的土地进行居住、商贸办公、商业等用地类型的综合规划，均衡沿线各种类型的建设用地规模，合理安排社区的密集空间和开敞空间。在此基础上对各种性质的用地、步行和自行车系统、道路系统、公交系统设计等进行调整和完善，以建立公交友好的社区环境。此外，必须通过各种途径提高城市规划决策人员和规划师的公共交通导向的意识，强化他们对城市规划的前瞻性、系统性、协同性的认识，以保证公共交通导向的土地开发（Transit-Oriented Development，简称 TOD）策略实施的有效性。

基于公共交通导向的城市空间拓展及土地开发是一个不断反馈的循环过程，在具体规划时首先应根据现状城市空间结构，确定规划城市空间结构和干线公交网络的初步方案，再进行空间增长和 TOD 策略协调性分析，提出干线公共交通网络布局的调整和优化方案，进入下一个循环，直到空间增长和 TOD 策略协调程度满足规划目标为止，从而得到一个与干线公共交通网络相协调发展、有序增长的城市空间结构。在此基础上进行片区土地开发和街区细部设计。

（二）交通网络与用地开发

1. 城市道路网与用地开发

城市道路系统的建立和城市发展的水平是一致的，它表达了城市的发展状况，尽管城市道路系统具有相对的稳定性，但人类仍然力争使它更能适应交通活动的需求，所以，一般情况下，城市道路系统网络随着城市的发展而发展。

城市干道网络的结构形式主要包括四种类型：方格网式、环形放射式、自由式和混合式四类。目前，我国大多数城市采用的是方格网和环形放射式道路网络。

（1）方格网式道路网

方格网式道路网是最常见的干道网的形式，几何图形为规则的长方形，没有明确的中心节点，交通分配比较均匀，整个网络的通行能力大。一些沿江沿海的城市由于要顺应地形的发展，道路系统形成了不规则的方格网干道。方格网式道路网的优点是布局整齐、有利于建筑的布置和方向的辨识，对城市土地开发的地块布置有利；交通组织较为简便，有利于灵活机动地组织交通。缺点是对角线方向的交通不便，道路的非直线系数大。方格网式干道适用于地势平坦的中小城市和大城市的局部地区。方格网式的道路网络容易形装成相对均匀强度的土地开发模式，土地的交通生成也较为均匀，便于处置土地使用和交通之间的关系，但土地使用的向心性不够，对于某些希望突出公共性的用地的开发效益可能会有所影响。

（2）环形放射式干道网

环形放射式干道网一般都是由旧城区逐渐向外发展，由旧城中心向四周引出放射干道的放射式道路网演变过来的。放射式道路网虽然有利于市中心的对外联系，却不利于其他城区的联系，因此，城市发展过程中逐渐加上一个或多个环城道路形成环形放射式道路网。环形放射式路网的优点在于有利于市中心与各分区、郊区、市区周围各相邻区之间的交通联系，非直线系数较小。缺点是交通组织不如方格网式灵活，街道形状不够规则，如果设置不当，在市中心区易造成交通集中。为了分散市中心区的交通，可以布置两个或两个以上的中心或可以将某些放射性道路分别止于二环或三环。由于交通的集中会使得中心区的土地使用强度过高，另外，在中心周围由于多条道路的交会可能会形成一些畸形的开发地块，一方面土地使用强度过高；另一方面道路网络改善的可能较少，所以，处理土地使用和交通之间的关系遇到的困难会比方格网状的道路格局相对较多。该类型路网适用于大城市或特大城市。

（3）自由式干道网

自由式干道网以结合城市的地形为主，路线的弯曲没有一定的几何图形。许多山区和丘陵地形起伏大，道路选线时候为了减少纵坡，常常沿山麓和河岸布置便形成了自由式的道路格局，街道狭窄有蔓生特征。自由式的道路网络优点在于充分地结合了城市的自然地形，节约了道路工程的费用。缺点在于非直线系数大，不规则的街坊多，建筑用地分散。

（4）混合式干道网

混合式干道网是上述三种干道网络的混合，既可以发挥它们的优点，又可以避免它们

的缺点，是一种扬长避短、较为合理的形式。比如，“方格+对角线”是对方格网道路系统的进一步完善，保证在城市最主要的吸引点之间建立最便捷的联系。

针对不同路网的城市用地特点，公共运输导向下土地利用调整分析如下。

①线性或带形道路网。

线性道路网是以一条干道为主轴，沿线两侧布置工业与民用建筑，从干道分出一些支路联系每侧的建筑群。这种线网布局往往导致沿干道方向的交通流高度集中，形成狭长的交通走廊，大大增加了纵向交通的压力。对于这样的城市路网形态，可以采取沿干道布置多个建设区的布局：每个建设区中将为居住及行政商业服务中心，两侧各为一个工业企业区，最外侧各有居住区及商业服务副中心将相邻的工业区分开。这种模式使工作地点接近居住地点，组团内交通距离不大，多中心可以分散交通流。此外，为了减轻纵向走廊的交通压力，以中间的干道为主轴，两侧分别建一条与主轴平行的道路作为辅助干道，同时，根据公交社区的形式具体布置与干道连接的若干支路，形成一种以纵向干道为主要脉络的带状城市。对于这样的城市布局，适宜在中心采用快速大容量的公交形式，以满足集中的交通流的需要，同时，各建设区内要结合主轴的公交联系区内出行，做好辅助连接及承担区内交通的任务。

②环形放射式道路网。

这种道路网布局的调整原则上应打破同心圆向心发展，改为开敞式，城市布局沿交通干线发展，城市用地呈组团式布置，组团之间用绿地空间隔开。实际上现有的城市规划模式往往是从市中心起四周一定范围内为居住区，包括工作、生活、商业服务业、娱乐等，市区外围为工业区。这给放射性道路带来了极大的不均衡交通流，给交通组织带来困难。因此，理想的用地模式是在组团的用地性质有一定侧重的前提下，尽量完善内部设施，形成多功能小区，提高区内出行比率。在实践中可在原有基础上朝着这个方向努力。对于大城市或超大城市除了可以在原市区范围内建立副中心以分散市中心繁杂的功能外，还可以建设一定的卫星城，对于更大的区域范围，还可组成城市群或城市带，同时建设大容量客运网络以配合城市新体系的建设。

③方格形道路网和方格环形放射式路网。

首先选定一定的城市发展轴，原市中心尽量不做较大改动，利用原有公交线路局部做小的调整；对于城市外围，可在原有公交线路的基础上沿城市伸展轴进行延伸，开发用地沿伸展轴布置；城市环圈的不断扩大不是一种好的用地模式，因此，对这类有可能不断扩大的环圈建设城市，有必要及早打破不断扩大的城市圈层，在用地模式上给予健康引导。

④其他形式路网。

交通走廊形的城市路网有利于公交沿走廊发展，结合多中心的用地布局，可以通过交通把很多发展中心联络起来，走廊将通过开阔的楔形绿地加以分开，又提供了很好的绿色空间。手指式道路网的这种布局的特点是市区以外沿着手指状的道路规划一些重点建设区，每个重点建设区规划一个行政办公及商业服务业为主的副中心，手指式放射线用几条环路联系起来。此类布局有利于公交的线路布设和公交使用率的提高，是一种较为合理的用地模式，对于受地理位置限制的城市，不失为较好的一种模式，在具体布局时，应把握好建设区内的用地规模、开发强度。

总之，以公共运输为导向的土地开发的调整要兼顾原有道路布局和设施，结合城市具体情况有步骤、有计划地进行，这将是个不断反馈、不断循环的过程，是一项长期而复杂的工作。

2. 城市轨道网与用地开发

城市空间结构与快速轨道线网结构是相辅相成的关系。一方面，快速轨道线网的空间结构必须以城市土地利用的空间结构为基本立足点；另一方面，快速轨道线网规划应有意识地与未来城市规划空间结构相结合，充分发挥交通的先导作用，有利于促进城市由单中心圈层式结构向多中心轴向结构的城市发展。换而言之，一个好的轨道交通规划不应只停留在设计一些线路和交通设施来运送预测的客流量，更为重要的是要有助于城市用地布局规划的调整和整个交通系统设计的结合。

第二节　城市交通系统功能组织

在城市化和机动化迅速发展的过程中，出行需求呈多元化发展，交通需求显著提高，交通设施规模逐步扩大，相互间关联性也在逐步增强，城市交通功能组织是保障各交通子系统融入系统整体，发挥整体规模效应，实现为不同出行均提供高效、便捷和舒适交通服务的关键环节。

一、交通系统功能分类

城市规划和交通规划的研究对象都是城市中各种社会经济活动，城市规划侧重规划社会经济活动在空间上的布局，影响交通出行总量和出行分布，交通规划重点规划城市活动的组织，影响交通出行方式和路径选择。城市规划和交通规划可归结为对同一研究对象的不同方面的研究。城市空间布局和土地利用是交通建设的立足之源，是决定交通规划方案的根本，城市活动是按照交通系统的机动性和可达性分布来组织的，交通系统的任何改善都会影响到交通机动性和可达性，并通过城市活动的影响传递到城市空间和土地利用布局上，也即城市空间、土地利用布局的依据也是交通机动性和可达性的分布。

城市化进程加速使城市活动特征发生显著变化，重要特征是出行距离的离散性迅速增加，形成了围绕家、工作单位、购物中心等各种大型集散点的活动中心。活动中心间长距离的活动对交通系统的要求主要体现在机动性上，而绕活动中心小范围的活动对交通系统的要求则主要表现在可达性上，这对交通功能组织提出了机动性和可达性分离的要求。城市交通功能组织要分层次进行：一方面是以机动性为核心的骨干运输系统，主要包括城市快速路系统、主干路系统、轨道交通系统、BRT 系统以及常规公交干线系统，适应城市扩张以及远距离出行需求；另一方面是以片区为单元的集散交通组织，服务于地块出行和向运输系统输送客流，主要包括次干路和支路系统以及常规公共交通次干线和支线系统。在客流运输从集散系统向运输系统转换以及运输系统内部转换的过程中，衔接系统实现中转功能，主要包括不同层级的公交枢纽和重要的道路节点。

城市交通功能组织应重点关注三个方面的内容，考虑城市空间形态和整体需求格局的城市交通走廊分布，明确包括高快速路系统、轨道交通、BRT 以及公交干线等城市运输系统或运输走廊布局；面向片区用地功能服务需求的集散交通设施配置，重点研究城市交通分区方案和分区内部交通基础设施配置策略；运输系统与集散系统间的衔接系统配置，重点研究交通方式、交通设施以及交通管理等方面实现交通系统一体化和交通系统功能优化方法。

二、城市交通系统功能组织目标设计

交通系统功能组织核心目标是优化交通功能，在交通系统资源集约配置要求的前提下，提升交通基础设施的利用效率和服务质量。对于不同类型的交通基础设施，交通功能组织目标应有所差异，运输系统应强调服务水平，保证客流运输效率和机动性，集散系统应强调其对周边地区的服务，保障足够的交通基础设施密度和可达性，衔接系统应强调中转效率与便捷性。

三、交通系统资源差异化配置

在城市空间结构调整中，用地布局呈现出功能分区特点，城市空间布局更加明确清晰。在城市开发呈现“成块成片”特点背景下，社会经济活动和出行活动向相近阶层的居住和就业区位集聚，不同分区呈现不同的活动类型，应设计不同的交通服务体系与之对应。交通分区与交通系统资源差异化配置成为应对城市功能分区的重要方式。

（一）分区体系与准则

城市规划一般包括城市总体规划和控制性详细规划两个阶段，与之对应的交通体系一般分为运输系统规划和交通基础设施配置。交通分区体系同样具有相应的层次性。将交通分区体系分为交通方式分区和交通设施分区两个层次。

交通分区边界线选取时应尽可能以山脉、河流等自然分隔和铁路设施作为交通分区的边界，应满足唯一性和完整性要求。唯一性准则要求同一分区有主导的交通策略，并要求下层交通分区对应唯一的上层分区。完整性要求保障对研究空间范围的全覆盖，没有遗漏和空缺。交通分区的小区划分规模应满足“内密外疏”原则，外围片区用地功能相对单一，开发强度低，交通需求相对简明，分区可相对较粗，城市中心区用地混合程度高，开发强度高，交通需求格局复杂，交通分区应加以细化。

交通分区体系策略提出表现出纵向间层次特征。在分区精度方面表现为分级细化，交通方式分区可以相对较粗，一般按照较大范围的组团来划分。交通设施分区应与交通方式分区一致或更为细化，一般结合主导的用地性质按照片区来划分。在制定交通策略方面表现为梯次推进，上层分区为下层分区策略提出的基础，下层分区要响应上层分区策略。

（二）交通方式分区

交通方式分区服务于大范围片区或组团，引导各类交通方式在不同片区充分发挥优势与效用，公平分担社会成本，主要研究不同分区的差异化交通方式发展策略，并提出预期的出行结构分布目标、机动化交通方式的可达性总体要求、重大交通基础设施的战略部署和对城市空间结构的反馈。城市总体格局以及交通需求和供给总体特征是交通政策分区的重要依据。交通方式分区具体分为慢行优先区（或公交优先区）、公交引导区以及协调发展区。

慢行优先区主要集中在旧城范围内或以慢行交通为绝对主导出行方式的区域，此类区域也可称为POD和BOD区域。此类区域特征是用地难以深度二次开发，机动车交通与慢行交通矛盾冲突大，交通设施扩容有限，是交通问题最为突出的区域。应以营造良好的慢行出行环境为首要原则，强化公共交通优先发展政策，加强大中运量公共交通设施建设，严格控制小汽车交通出行为主要发展原则。

公交引导区主要集中在近中期城市主要集中开发的商业、居住或大学城等外围新区，此类区域也可称为TOD区域。此类区域一般现状用地功能相对单一，配套功能不完善、交通需求量较小，有足够的交通扩容空间，应充分考虑未来城市配套功能完善，人口迁移完成后的交通需求高速增长，交通政策指引的提出应围绕TOD指导原则和重大交通基础设施用地弹性预留来开展。

协调引导区主要集中在城市外围工业区和高新技术产业区，以及远期开发的新城等城市外围用地，此类区域也可称为COD区域。此类区域一般用地功能单一，开发强度较低，

慢行交通和公共交通出行需求相对较少，对个体机动化交通依赖较强，交通扩容空间充足，应以公共交通和私人交通共同引导片区发展，应以协调发挥不同交通方式优势引导片区开发为主要原则，以中低强度的公共交通优先和私家车限制为主要发展政策。

（三）交通设施分区

城市空间布局呈现“分区分块”的特征，交通设施配置要响应不同用地类型要求，为此，交通设施要结合具体用地类型和交通需求特征进行差异化控制。交通设施分区主要面向片区开发层面，应在全面落实交通分区政策基础上，重点解决不同片区交通设施空间规模控制问题，针对不同片区分别提出交通基础设施规划交通指引。主要研究两个方面的内容，第一，明确分区的不同方式可达性要求，对不同方向分区的联系通道、不同方向公交线路站点覆盖率以及线路等级提出要求。第二，制定片区内部道路网设施、停车设施、公共交通设施和慢行设施规模控制要求。主要为分区路网总体密度和支路网密度等控制性指标；公共交通线网密度、首末站、公交枢纽站布设；机动车和非机动车的停车设施供给规模与布局选址；慢行专用道（区）规模方面提出要求。

为保障交通设施规划与运输系统优化相衔接以及与土地利用相协调，将交通方式分区、用地类型和初步交通出行需求分析以及交通设施供应水平作为交通设施分区的重要依据。用地类型和交通需求分析为主要分区依据，设施供给水平为参考依据。交通设施分区应按照所隶属的城市区位加以细分。比如，居住区可分为城市核心区居住区和城市外围区居住区。商业区可分为慢行优先区内商业区和公交引导区范围内商业区。公交走廊同样应分为慢行优先区范围内的客流支撑型公交走廊和公交引导区内的开发引导型公交走廊。客流支撑型公交走廊带宽根据步行可达性确定，开发引导性公交走廊带宽根据对用地开发影响，一般取为200~300m。

四、交通方式无缝衔接

（一）公交枢纽分级与功能定位

城市交通运输中，存在多种交通方式并存和交通可达性和机动性分层的特征，交通衔接成为整体出行环节运行效率损失最大环节。公共交通枢纽作为交通方式无缝衔接的关键环节，通过交通衔接系统将各种交通方式内部、各种交通方式之间、私人交通与公共交通、市内交通与对外交通有效衔接，发挥交通系统的整体效益。

面向交通功能组织的公共交通枢纽分层总体上可分为两类：一类是城市对外交通枢纽，主要解决城市内外交通的转换问题，作为重要的交通吸引点也担负着大量市内交通的换乘功能，一般包括以铁路、公路、航空等大型对外交通设施为主的综合对外交通枢纽，配套设置轨道交通车站、公交枢纽站、社会停车场库、出租车停车场等换乘设施，以及以铁路、公路等中型对外交通设施为主的一般对外公交枢纽，配套设置轨道交通车站、公交枢纽、社会车、出租车、非机动车停车场，客流集散量较小。另一类是城市公交换乘枢纽，主要服务于市内以公共交通为主体的各种客运交通方式之间的换乘。城市公交换乘枢纽也可再分为两类：一类是以运输系统中转为主要功能的轨道交通（或 BRT）公交枢纽，以轨道交通（或 BRT）为中转对象，有两条以上轨道线路相交或结合的客流集散点，实现轨道交通、公交车、出租车、社会车及非机动车的衔接和换乘，服务于多个片区的客流。另一类是运输系统与集散系统间衔接的换乘枢纽，主要实现轨道交通、常规公交之间的换乘衔接，服务于片区内的客流。

（二）对外交通与城市交通衔接

对外交通设施是城市对外交通的门户，代表了城市交通的形象。便利、快捷、安全的内外交通衔接系统有利于城市内外人流物流的输送和运转，保证城市生产和生活的正常进行。内外交通衔接在规划布局上应做到，保证市内交通设施与对外交通出入口之间具有较短的换乘距离。

铁路客运站和站前广场是城市不可缺少的一部分，汇集了从城市外部进入城市的客流及城市内部通过各种交通方式到达铁路客运站的客流。铁路客运站作为城市大型客运交通枢纽，不仅要处理好市内交通与对外交通的衔接，还要处理好市内交通的换乘衔接，其中，公交枢纽站是铁路客运站内外交通衔接的重点。为减少市内交通与对外交通的干扰，不能过多地将城市的公交线路引入铁路客运站并设置公交终点站。轨道交通是大城市铁路客运站重要的衔接方式。在国外城市铁路车站往往融多条城市轨道交通为一体，形成大型轨道交通枢纽。出租车是铁路客运站另一种重要的换乘方式，铁路客运站同样应考虑出租车的衔接，合理设置出租车下客区和候客区。

长途客运站是城市对外公路客流与市内交通的衔接点。长途客运站及相关设施的布置，应保证与市内各种方式换乘的便捷性，并直接在客运站附近设置社会车辆停车场。我国公路长途客运站与市内交通的公共交通衔接方式主要是公共汽（电）车。经过长途客运站的公交线路一般设置过境站，少量设置终点站，以减少公共交通车辆进出长途汽车站对长途汽车车辆进出站的干扰。

港口城市大多依港而兴，随着城市的不断发展，原有的港口码头作业区已变成城市中心区，大多城市原有的货运码头根据城市新的总体规划的要求纷纷向外围区转移。客运码头因水路运输客运量的下降而减少或停止运作。主要通过公交线路、出租车和社会车辆与

市内交通衔接，因此，要合理设置公交线路终点站或过境站、出租车及社会车辆候客点。

机场是城市对外交通的空中门户。机场一般远离市区，离市中心区距离 30~50km。因此，与机场衔接的城市交通系统要突出快速性的特点。机场与城市的公共交通衔接，一般包括与市中心公共活动中心的衔接、与铁路客运站的衔接、与长途汽车站的衔接，与大型公共交通枢纽的衔接、与城市航空客运站（航站楼）的衔接。这些衔接方式一般是机场公共汽车或轨道交通直接连接。与铁路客运站一样，机场客运交通的衔接方式主要有四种，即机场公共汽车、轨道交通（机场铁路）、出租车和社会车辆（包括个体交通）。机场巴士一般布置在广场，旅客从到达层出来后直接进入公共汽车站。轨道交通一般直接进入机场候机楼，减少了步行距离，到达机场的出租车与社会车辆直接进入候机楼外下客。出租车候客区位于到达层，社会车辆设专门停车场。

（三）公共交通系统衔接

公共交通间的整合要求各功能不同的线网之间能够形成层次清晰、功能明确的公共交通系统，既满足居民出行需求的多样性，又能够通过常规公共交通间的一体化发挥整体效应，实现资源的合理利用。在发展轨道交通或 BRT 的城市，公共交通运输组织应以大中运量公共交通设施为基础，基于大中运量公共交通线网形成不同功能层次的地面公交线网。

按照公共交通运输方式功能的不同，公共交通系统可以分为公交主干线、公交次干线和公交支线三级。公交主干线主要承担中心城区内的主要客运走廊、中心城区与各外围组团之间的联系、各外围组团之间的联系，线路连接主要公交换乘枢纽、各大型客源产生点和吸引点，属于中长距离公交出行，是联系多个客流集散点的公交网络主动脉，一般由轨道交通或 BRT 承担客流运输功能。公交次干线主要承担中心城区内的次要客运走廊、各外围组团内部的主要客运走廊运输，属于中短距离的公交出行，串联大中型客流集散点或居住区，为主干线集散客流，一般由 BRT 或常规公交来承担客流运输功能。公交支线承担中心城区内部和各外围组团内部的居住区与周边大型换乘枢纽以及主干线站点的客流接驳和集散，属于短距离的公交出行，同时起到降低公交服务的“盲区”，提高线网覆盖率的作用，起到对某一片区接驳的作用，一般由常规公交来承担客流运输功能。

轨道交通设施（或 BRT）作为城市重大交通基础设施，一经投资建设，其线路很难调整，轨道交通与常规公交功能整合大多通过调整常规公共交通线路与轨道交通走廊主动衔接。一般来说，常规公交可以有三种线网组织方式与轨道交通衔接。

常规公交作为轨道交通或 BRT 填补型骨干线路。常规公交主要针对轨道交通线网覆盖比较薄弱的区域，一般分布在城市外围区和郊区。此类区域仍然需要骨干型的地面公交线路服务。一般在城市外围区或郊区周边较近的轨道交通终端处引入常规公共交通，作为此类区域的骨架线路，以弥补轨道交通网络的空白，服务于城市外围区和郊区的出行。此类常规公交与轨道交通的衔接主要是面向站点两侧的客流有较大差别，公交支线作为公交干线服务的延伸，一般采用串联的方式，轨道交通与常规公交有一个共同的站点作为联系，不同层次线路联结在一条线上。

常规公交作为轨道交通或 BRT 互补型次干线路。由于轨道交通站间距较大，服务的可达性较差，因此，轨道交通的客流走廊上仍然需要一些与其平行的公交线路。这些线路站距离很短，平均站距一般不超过轨道交通平均站距的一半，主要为轨道交通客流走廊沿线提供短途出行服务，以弥补轨道交通功能上的不足。这些线路还能为轨道交通的运能发挥补充作用，一旦出现大客流、轨道交通运能不足时，这些线路可以通过组织大站快车形式为轨道交通实施分流。此类常规公交与轨道交通衔接主要考虑常规公交对轨道交通覆盖范围的加密，一般采用常规公交与轨道交通并联的方式，或布设在同一条道路上，但此种方式容易形成两种公共交通方式间的竞争，为此，平行路段不宜过长。或布设在两条相近的平行道路上，平行段可以保持相对较长的距离，但应尽可能保证常规公交与轨道交通可以形成多处换乘。

常规公交作为轨道交通接驳线型支线，在城市交通中发挥着重要作用。接驳型的公交线路，主要是为轨道交通车站接驳服务，为轨道交通车站“喂给”客流。接驳型公交线路主要分布于轨道交通线网密度较低的城市外围区和郊区。重点为大型居住区、工业园区、开发区等提供至就近轨道交通车站的短途接驳服务，同时也为区域内短途出行提供服务。此类公共交通与轨道交通衔接一般采用开行环线的方式，形成轨道交通一个“分枝”。

（四）自行车交通与公共交通整合

城市轨道交通在单位运能、运输速度和舒适性上比其他公共交通工具更具优势，轨道交通是自行车停车换乘的最佳选择。实现自行车与轨道交通换乘衔接，必须在整个换乘系统的构建上形成一套完整而有效的方案。城市快速轨道交通与自行车换乘衔接要从点、线、面三个层次考虑。在“点”上，要求换乘方便、衔接紧密；在“线”上，要求线路通畅、连续；在“面”上，要求层次清晰，与城市发展协调一致。

轨道交通站点是乘客乘降的场所，是出行的出发、换乘与终止点。轨道交通换乘站点为轨道交通与其他交通方式相联系的纽带，自行车与轨道交通的换乘要在换乘站点完成。当换乘车辆从站点吸引范围内的各处集聚到换乘站点时，换乘站点主要完成两个功能：换乘与停车，换乘就是在一次出行期间不同交通工具间的连接或不同交通线路间的连接，即指来自吸引范围内各个方向的自行车在站点处改换为轨道交通方式继续出行；停车是指换

乘站点为集聚而来的自行车提供安全、方便的停车场所。对于换乘站点的规划，是整个自行车与轨道交通换乘系统的关键。

在换乘过程中，遍布在吸引范围内各个方向的线路在换乘站点处交会，将换乘的自行车交通通过这些线路快速地集散。换乘自行车需要道路有一定的连续性与衔接性，以保证快速、安全地抵达换乘站点。在站点吸引范围内的道路等级不同，道路上分布的各种交通流，对换乘自行车交通都会产生干扰，要对联系吸引范围内居住区与换乘站点的道路进行优化改造，形成不同等级的自行车道路，提高衔接道路的连续性，保障衔接道路上自行车交通的通行权与先行权，实现换乘的自行车交通快速的集散，最大限度地提高城市整体客运运输效率。

轨道交通站点和站点吸引范围内各条与站点衔接的线路，共同组成了一个区域范围的换乘体系。对于自行车换乘轨道交通，要在“面”的层面协调规划，形成规模恰当、布局合理的自行车专用道路网。

五、交通基础设施整合

（一）对外交通枢纽集疏运道路设计

根据对外交通枢纽承担的服务功能以及与周边服务区域的联系强度，一般将对外交通枢纽服务范围分为核心服务区域、重要服务区以及辐射服务区域。核心服务区域是主要形成对外枢纽运输需求的区域，与对外枢纽之间有大量的运输需求联系，一般是对外枢纽所在母城的中心城区和各个新城；重要服务区域指与对外枢纽有相对较强运输需求联系的区域，相邻对外交通枢纽竞争关系明显，通常是对外枢纽母城的县级市，也包括与对外交通枢纽空间距离较小的周边城市的县级市等区域；辐射服务区域是形成对外交通枢纽运输需求的延伸区域，主要指对外枢纽周边的城市。

为满足大量客流快速、便捷的集散需求，核心服务区域层面的集疏运道路等级要求为城市快速路和主干路。道路布局形态根据对外交通枢纽所处区位不同而有所差异。对外交通枢纽位于城市中心地区，一般利用方格状干道骨架，形成街坊式的集疏运道路系统，强调服务的深度；对外交通枢纽位于城市外围地区，以对外交通枢纽为中心，向各服务方向延伸，形成放射状路网格局，强调服务的通过性；对外交通枢纽位于城市边缘，可以采用街坊式和通道式路网的组合，街坊式道路增强服务的深度，通道式道路提供直接、快速的集散服务。根据服务的定位不同，核心服务区域层面的集疏运道路可分为专用集疏运道路和辅助集疏运道路两种类型。专用集疏运道路的服务对象定位为对外交通枢纽的集散交通，通过新建城市干道、改扩建低等级道路并控制转向和接入来保证单纯的服务对象；辅助集疏运道路不只服务于枢纽的集散交通，也承担着区域过境交通和城市内部交通的功能，枢纽的集散交通功能相对弱化。

重要服务区域内对外枢纽运输需求强度与核心服务区域相比较弱。重要服务区内集疏运道路服务于中、长距离运输，是区域道路交通系统的一部分。一般采用以高速公路为主，等级公路和城市干路为辅的方式，连接重要服务区域和对外交通枢纽，布局形态大多采用放射环形，高速公路或等级公路外环屏蔽区域间过境交通，放射线由环线延伸向各区域，要注重这一层面集疏运道路与核心服务区层面集疏运道路系统的衔接与联系。重要服务区域的集疏运道路系统要与核心服务区域的集疏运道路系统进行衔接，来自重要服务区的运输需求进入核心服务区，再通过这一层次的集疏运道路到达对外交通枢纽。

辐射服务区域位于对外交通枢纽服务范围的边缘，这个层次的集疏运道路功能复合化，服务对外交通枢纽的集散交通是其功能之一，辐射服务区域集疏运道路系统的规划属于引导性规划，是对外交通枢纽客流需求的延伸区域，在这个层次均为长距离的运输需求，集疏运道路系统要保证枢纽与各区域间的快速联系，因此，利用高速公路或等级公路完成这个层面的枢纽客流集散，多采用放射线的形式，并将放射线的一端布置在重要服务区的公路环线上。

（二）公路与城市道路整合

城市化进程的加速，城镇密集地区迅速发展，成为城市与城市交通发展矛盾较为突出地区。城镇密集地区的各组成城镇越来越多地承担大量的区域职能，城镇区域在各城镇空间的扩展下出现连绵的城市化地区，导致各城镇的交通构成中外来交通比例大幅增加，城镇间交通联系更多地呈现出城市交通特征，公路在越来越多地承担城市道路的功能，既有的以公路为核心的城际交通组织方式并不能完全适应交通量的增长和交通需求形式的多样化。公路两侧吸引了大量居住和商业开发，行人过街和自行车穿行均出现在主要公路上，降低了公路的服务水平，公路与城市道路衔接处出现矛盾，表现为横断面的突变以及衔接节点交通组织形式的困难，公路与城市道路在功能定位、分级、设计标准、规划建设管理等方面都存在差别，尤其是公路作为城市道路表现出无慢行空间，过街设施缺乏，不能满足多样化的出行需求。

为改善公路作为城市道路使用在服务功能方面的不适应，要全面整合公路网络与城市道路网络，重新定位公路服务功能。高速公路一般定位为城市快速路，采用的方式可取消高速公路收费站，使之与城市快速路共同构成城市开放的快速通道，以及建设与高速公路平行的道路，即在保证原有高速公路承担城际交通功能的基础上，重新建设一条与之相平行的道路，作为与快速路一体化的道路，共同承担城市交通，但该途径建设成本较高。上

述两种方法并未根本对高速公路做任何改造，在断面设计上仍未考虑城市交通特征，因此，其公路属性将可能导致其与快速路的衔接存在一定问题。一般后期要在取消收费的基础上，按城市道路的断面对其进行改造，保证两者的衔接顺畅。

其他等级公路主要功能为满足公路起终点及中间结点的交通集散作用，同样存在功能较单一、难以承担城市道路功能、服务沿线片区等问题。对已经处于城市化进程的公路进行城市道路形式改造，要重新定位公路功能，一级公路可改造为城市主干路或次干路，二级公路一般可改造为城市主干路或以下等级道路，三级公路一般可改造为城市次干路或支路。

（三）道路通行能力匹配

城市道路交通拥堵产生的根源更多的是外部通道与内部路网容量或高等级道路与集散道路容量不匹配，高等级道路的快速交通流难以通过低等级道路迅速疏解，车流在高等级道路集聚，从而造成道路越宽、交通越堵的恶性循环。在旧城区此种现象更加明显。在交通功能组织中，应通过谨慎的交通扩容在设施建设层面实现路网整体通行能力匹配，保证高等级道路的运输功能和低等级道路的集散功能完善。对于无法对道路设施实行交通扩容的情况，道路通行能力匹配主要通过构建由低等级道路组成的微循环系统实现，微循环系统的交通功能组织有下述两种：

对于难以改造的街巷、胡同道路，依托其高密度特点，组织单向交通为周边干道分流，可实现微循环，为片区内居民出行服务。城市单向交通组织的本质是“以空间换时间”，通过单向交通简化交通组织、提高道路使用效率、均衡交通流分布。以片区内部支路单行为主的组织方式往往是因为路网不规整，多为自由形态的布局，片区被干路划分为多个较大的街区，街区内部支路系统发达且连通性较好，单向交通以内部支路为主，主要是解决内部微循环交通组织，改善交通秩序、提高效率，并为路边停车创造条件。

若街巷与胡同道路组织单向交通仍存在困难，可采用“非转机”工程，利用街巷胡同道路组织相对独立的自行车网络，应该具有一定的连通性、可达性，避免断头、卡口路段存在。自行车网络的布局应与居民日常出行的主要流向一致，并与区域内的交通需求相协调，力求自行车流在整个规划网络内均衡分布，以利于自行车网络功能的正常发挥。将自行车从道路系统中分离出来，一方面可保障慢行空间，另一方面可增加机动车通行空间，但“非转机”工程的实施仍应以通行能力匹配为前提。

（四）城市道路与公共交通功能整合

城市道路系统是交通运输的载体，公共交通系统是客流运输的核心工具，城市道路与公共交通功能的整合是联系道路功能与公共交通功能实现间的纽带。城市道路与公共交通功能的整合要求城市道路与公共交通在规划设计等方面应全面统筹考虑。

城市道路与公共交通功能整合应保证两者功能等级相匹配，不同等级公交线路要布设在相应等级的城市道路上，并考虑城市各级道路的建设标准能否满足公交线路充分发挥功能、道路两侧用地开发能否为公交线路的运营提供足够的客源等因素。

城市道路与公共交通功能整合应控制道路红线宽度，规划适宜尺度的道路是目标之一。机动车道数要考虑到公交专用道的布设，城市道路网成熟前期，干路的机动车道数往往较多，随着非机动车交通的转移、城市道路网逐渐成熟，干路的机动车道数也不应该盲目增多，规划适合公共交通发展的各级道路机动车道数也是规划目标之一。

公交线路布设应与道路断面设计相协调。随着非机动车交通需求的转变，目前的非机动车道可逐步改造为公交专用道或港湾停靠站，道路横断面逐渐由三块板向两块板等转变，该因素与城市道路性质存在一定的匹配关系。也应考虑公共交通线路的布设与城市道路在平面位置上的关系，涉及公交线路的布设是否会对道路资源产生占用，一般大容量轨道交通对道路资源占用较少，但对两侧用地的退让及开发强度要求较高，这也是影响道路上能否布设轨道交通的重要因素之一，而其他公交线路一般均与城市道路共面。

公共交通线路在城市道路交叉口处如何进行转换也是两者功能整合要考虑的因素。在完全新建的城市道路网中，理想状态是所有的公交线路在交叉口处立体交叉，可便捷换乘且尽量减少延误，但道路网很难实现这一点，可考虑在交叉口处设置专用进口道、专用信号相位等，提高公共交通的运行效率。

第三节　城市交通发展战略规划

城市交通发展战略是城市交通发展的纲领，侧重分析城市交通系统与社会经济发展环境相互依存关系，与土地利用的互动关系，明确城市交通政策，对交通系统规模、交通方式结构、交通服务水准、交通管理体制、交通投资与价格、交通环境等一系列重大问题进行宏观性的判断和决策。

一、城市交通战略目标设计

城市交通战略目标是城市远期交通发展所达到的总体水平，交通战略目标设计应是一个多维空间，从不同的层次、不同的视角进行设计。城市交通发展战略目标既要有质的要求，又要有量的要求。

（一）总体目标

城市总体发展战略是城市交通战略总体目标设计的根本依据和前提。城市总体发展战略是从总体上保证城市长期、稳步、协调、可持续发展的纲领。在城市交通发展战略目标设计之前，必须明确城市总体发展战略的指导思想、战略目标、战略措施和战略重点，作为城市交通战略目标设计的根本依据。

交通战略总体目标设计应坚决贯彻以人为本和可持续发展的观念，强调交通发展人性化，考虑交通出行权及交通投资效益享受权的平等，注重交通安全的同时，更须将交通与城市环境保护政策统一，将国家经济安全与地方经济发展、地方居民社区生活协调统一。交通战略总体目标设计要坚持支持社会经济发展与改善居民生活质量并重的原则，支持经济快速增长的同时，注重支持经济健康、持续发展，关注城市经济竞争力的支持。应保障因地因时制宜与整体统筹协调原则，分析地方的经济发展水平、特点、特色，强调“提供合适的交通基础设施和服务”。

交通战略总体目标拟定要有系统工程的观点。城市交通是一个复杂的巨系统，必须从全局和整体的观点出发，将城市交通视为一个相互联系的有机整体，进行全面的综合分析，从系统上进行宏观控制。城市交通战略总体目标设计一般可从促进社会公平、宜居环境、社会发展三个方面来分析。

（二）控制指标

城市交通发展控制指标是对特定城市交通战略目标的深化和细化。城市历史人文、自然山水和地理区位特征，以及不同社会经济发展阶段和政策环境对交通发展所需基础条件的支撑力度各异，城市与交通特征和对交通发展要求具有一定的地方性特点，为对交通现状或规划做出客观准确的评判，交通控制指标标准的制定应做到因地制宜。

控制指标选择应符合城市国民社会经济发展要求。交通作为城市社会经济发展的派生物，社会经济系统本身就会对交通发展提出适应外部环境的要求。如在经济快速发展阶段，社会活动交流更加频繁，居民对交通快捷化要求将更加严格。控制指标选择要对城市性质有所响应，如宜居城市的功能定位要对交通在城市景观和居住环境以及出行便捷性等方面提出较高的要求。此外，从单中心蔓延式扩张，到城市功能结构调整，再到中心城和都市圈体系的构建是城市空间演化的一般进程，相近的城市空间发展阶段，表现出的交通特征和交通发展趋势具有一定的相似性，交通控制指标不可能完全超越此种阶段性特征。

交通发展所提控制指标是否可以完全落实，很大程度上依赖于城市政策来实现，是否具备相应的正常手段决定了所设计战略目标的可行性。这些政策手段的可行性和运用这些手段的成本都必须在交通控制指标制定时加以分析和判断，使交通控制指标符合现实。任何城市交通发展都必须有相应的资源投入作为支撑，包括资金、基础设施以及土地等有形资源，也包括科技、制度和文化等无形资源。不同城市交通战略控制指标选择对资源条件要求的程度各不相同，如交通基础设施建设需要巨额的资金投入和土地资源占用，城市交通在规划年限内是否能完成预期战略目标的资金投入，是否能够为大规模的交通基础设施建设提供充足的空间，都应在交通发展控制指标中考虑。

二、城市远期交通方式结构

城市远期交通需求分析是为城市交通发展战略规划提供研究基础的工作，一般采用简化的四阶段交通预测分析方法，体现在交通分区、建模方法、预测详细度等方面的简化侧重于宏观的数据分析。城市远期交通供需分析的交通分析区划分应与城市用地布局规划相衔接和协调，以城市主要功能区的分布为依据，以有利于主流向分析和走廊交通分析为原则。一般每个交通分析区面积以 4~8km^2，人口以 6 万~15 万人为宜。交通分析区的面积可以随土地利用强度或建筑面积系数等值的减少而增大，一般在城市中心区宜小些，在城市郊区或附近郊县可大些，交通分析区分界也应尽可能利用行政区划的分界线，以利于相关基础资料收集工作的开展。

影响客运交通结构的因素很多，社会、经济、政策、城市布局、交通基础设施水平、地理环境及生活水平等均从不同侧面影响城市交通结构。随着国民经济稳步高速发展，快速城市化、机动化使得这些因素在一定时期内变得不稳定，演变规律很难用单一的数学模型或表达式来描述，传统的转移曲线法或概率选择法很难适用。就城市远期交通结构分析而言，应该综合考虑城市交通政策、城市未来布局特征及规划意图、城市规模和性质、交通设施建设水平等方面的因素，预估城市远期客运交通结构可能取值范围。

（一）城市交通政策

城市交通政策决定城市未来长时期交通设施建设投资趋向、规模、建设水平、网络布局与结构，以及城市交通工具发展方向、交通系统运行管理策略等方面。这些政策的确定和实施，将直接影响甚至决定了城市未来整体的交通需求格局、客运交通发展特征、客运交通结构发展趋势和水平。

（二）城市用地布局特征及规划意图

城市用地布局及规划意图是城市客运交通方式划分预测重要因素。城市土地利用布局是城市社会经济活动在城市不同区位上的投影，决定了城市的人口分布、就业岗位分布，

从而决定了城市客流分布、居民出行距离和时间，也对居民出行交通方式选择有着重要的影响。

（三）城市规模和性质

城市规模越大，城市公交出行比例越高，特大城市公交出行比例大多在10%以上或10%左右，而大中城市公交出行比例大多小于10%。城市规模越大，万人拥有公共电汽车的水平也越高，居民出行距离越长，公交线网密度越高，居民采用公交车出行比例也越高。从城市性质来看，功能单一性的城市自行车出行比例要高于综合性质的城市，而一些旅游城市采用出租车出行的比例要明显高于其他城市。

（四）交通设施建设水平

交通设施建设水平和布局形态是影响城市交通结构的重要因素。通过对道路交通设施的规划改造，增加投入，重点加强公共交通基础设施建设，可以在不同程度上改变人们出行行为的选择，改变城市客运交通结构。

三、城市交通发展战略方案设计

城市交通发展战略方案设计是检验未来城市各种土地利用规划方案下的交通发展方向，以及不同交通网络布局对城市社会经济活动、土地利用开发的影响，方案设计的重点是高快速路系统和大中运量公共交通系统等运输网络形态和布局规划，以及拟定相应的交通政策。

（一）城市交通发展战略与城市空间布局

城市交通发展战略的制定和城市的土地使用关系密切，合理的交通发展战略是土地使用、交通网络，以及交通方式合理结合的结果。汤姆逊从解决城市交通问题的角度入手，把城市布局归纳为以下五种形式：

1. 完全机动化策略

分散市中心的功能。城市道路网呈棋盘格状，通行能力很高，城市建设密度很低。公共交通运营费用昂贵，效率极低，所以，公共交通设施严重短缺或不足。应用这种办法的城市有洛杉矶、底特律、盐湖城及丹佛等。

2. 弱中心型策略

这是一种折中的方法。鼓励郊区中心的发展并以小汽车为主要交通工具，同时在一定程度上也保留市中心的作用，并以放射形铁路网为其主要交通工具。采取这种办法的城市有哥本哈根、旧金山、芝加哥、墨尔本、波士顿等。

3. 强中心型策略

由于历史原因形成了强大的中心功能区。为了在市中心区尽可能多地容纳小汽车交通，这些城市修建了大型放射形高速道路网，并在市中心外围修建了分散交通的环路。这种战略不仅需要同样高效能的放射公共交通系统抵达中心，同时也由于城市中心的规模较大，也要在市中心区设有疏散客流的有效公共交通网。在许多古老的大城市，如巴黎、东京、纽约、汉堡、多伦多、雅典及悉尼等都采用这种解决方法。

4. 限制交通策略

该策略关键是建立等级不同的分散中心点，最大限度地减少人们出行的需要；严格禁止在市中心建立小汽车停车场；在市中心实行慢车道体系，在市中心外环接放射高速公路以阻止车辆进入市中心。城内外用高速铁路相连，市中心区内设立高效地铁系统并设有短途公共汽车以疏散客流。

（二）城市空间布局形态情境分析

远期城市社会经济发展、活动区位分布、土地利用布局决定了城市交通需求规模和交通需求，从而从宏观上确定了城市交通结构、城市交通设施应有的建设水平和可能的布局形态。随着经济的发展及人口的不断增加，城市空间布局形态不断演变，且具有较多的不确定性因素。众多因素影响下要对城市未来发展定位进行准确预测较为困难，一般采用情景分析的方法对城市空间布局形态可能存在的情况进行模拟。可在把握城市空间布局演变主体方向的基础上，根据城市在远期发展可能出现的几个分支选项，做出几组不同的假设，也就形成所谓的几个不同的发展“情景”，作为下一步交通战略方案设计的基础。

情景分析的整个过程是通过对交通发展环境的研究，识别影响研究交通发展的外部因素，模拟外部因素可能发生的多种交叉情景分析和预测各种可能前景，通过预测各种土地利用发展趋势对交通规划的影响，分析出几种合理的预测结果及其引起这些结果的内在原因，以便找到一套灵活的运输网络方案。在城市空间形态情境分析过程中，若考虑到所有城市发展形态的组合，涉及的情境过多，可在情境分析过程中，对所涉及情境进行初步的筛选，形成未来城市发展可能形成空间形态。筛选的依据主要是城市空间演变的规律特征。

在城市的人口、物资、信息、文化等诸子系统中，城市空间布局系统既是各种系统活动的载体，也是各种系统活动的综合作用力的结果。城市人口、经济和空间存在规模效应

的问题，反映在城市空间上的规模效应是规模正效应和规模负效应的叠加。随着城市空间布局的演变，规模效应由慢到快上升，但到一定程度时，规模负效应超过规模正效应，即遇到规模门槛，城市空间布局演变结束，直到越过规模门槛才重新开始城市空间布局的演变。

城市空间发展到一定程度，受到基础设施、资源、交通以及土地等方面的限制，这些限制标志着城市规模的极限，常规的投资是无法解决问题的，需要一个跳跃式的突增。在城市特定时期内，整体系统存在着一个最佳运行状态，将较长时间内保持一定的规模，即存在一个特定的规模门槛，但此种规模不是一个机械的、孤立的和不变的数据，规模门槛往往随着城市的发展、整体条件变化，对原有规模门槛的跨越，又产生新的合理规模，引发城市扩张。规模门槛是多级的，不断产生规模效应的过程就是不断跨越规模门槛的过程，跨越门槛之后，城市的建设和经营费用的成本效益比会大幅度下降。城市空间布局整体呈现的阶段性特征，主要是由于规模效应的门槛造成的。

在跨越规模门槛之后，城市空间布局演变过程是一个通过竞争选择相适应的空间发展区位的过程，即一个对优势区位开拓与占有的过程。这里的区位条件既包括物质环境条件，又包括社会文化条件，还包括经济条件。从物质环境方面分析，城市不同地段在投资环境、交通运输、信息交流、资源输入、自然地形等方面具有不同的区位条件，如大型基础设施优势带、资源优势区位、中心地优势区位等。从社会文化角度分析，城市的发展不能单由经济利益所驱动，一些社会资本虽然没有直接的经济价值，但为社会所承认，具有重要的社会效益，由此产生的隐形效益也直接影响城市空间布局的区位条件，比如，历史资源就是重要的社会条件之一。

在规模门槛和区位择优双重作用下，城市空间布局形态和区位用地开发都在不断地变更，主要体现出以下三个方面特征：城市空间开发呈现从开放到封闭；城市空间区位发展呈现从极化到平衡；区位用地开发也呈现出从单一用地类型向复合用地类型功能转换的过程。

城市空间开发的从开放式到封闭式，在突破规模效应之后，城市空间首先呈现开放式的发展状态，降低城市空间生长的约束，最大限度地吸引利用外部环境的资源。空间封闭是对空间发展范围进行限定。城市空间布局的发展并非在发展的任何时段和条件下都是有利的，当增长到一定程度，达到规模效应某一值时，需要一定的封闭限制，而转向内部进一步的充实、调整。

在城市空间开放过程中，城市空间区位发展中首先是在区域中有目的地建立发展极，利用空间极化效应，使发展极空间快速增长，促使空间快速增长。在发展极增长到一定程度后，开始对周围地区扩散，即转化为平衡发展状态。往往通过城市规划和建设干预对增长极的增长开始控制，限制其机械增长，引导空间建立一系列新的增长极，制定各自先后的生长顺序，本质要求就是削弱核心—边缘结构和空间梯度分布，或使其控制在一定的波动范围内。

与城市空间开发从开放到封闭相对应的就是用地功能类型从单一到混合。在城市空间开放扩张中，大多以单一用地类型为主导的组团式向外推进，呈现出明显的功能分区特点。如由于地价低廉和交通可达性提升，城市外围地区开发了大量的房地产项目，由于国家对“园区”开发的扶持、用地条件的宽松以及大型综合交通枢纽建设带来的交通区位优势，“经济开发区”“科技园区”等产业园在城市外围迅速形成。城市空间封闭式内填中，多种用地性质开始在同一功能区混合，用地发展进入功能完善阶段。如吸引了大量的居民入住，也带动部分大型零售与批发类的商城在边缘地区集聚，部分产业园区由于体系完善，职居相对平衡，转型为综合性产业新区或新城。

城市空间扩张总体上可按照单核扩张、有选择地开发重点近郊新区、城市近郊新区全面开发、近郊区新区功能完善、城市都市圈有重点地开发远郊新城、城市远郊新城全面开发、城市远郊新城功能完善的顺序进行。当城市大都市圈格局建立完毕，城市空间布局将在较长时间内保持稳定。

（三）城市交通政策拟定

1. 城市交通政策拟定的影响因素

城市交通政策的拟定要充分考虑国家宏观交通政策、城市规模、用地形态等的差异，选择符合国情背景，适应城市类型特点的交通政策。

国家层面影响交通方式发展的核心政策主要包括公交优先政策、汽车产业政策和绿色交通政策。三项政策分别给予公共交通、小汽车交通和慢行交通等不同类型交通方式不同程度的扶持力度，明确了城市必须坚持多种交通方式协调发展的策略，交通方式发展要因地制宜，任意一种交通方式均不能盲目偏废。应结合不同城市的实际情况，协调相关政策。

从城市人口规模方面来看，大城市因其地位、功能与中小城市不同，从而呈现出与中小城市截然不同的交通供求特性，将直接决定着城市交通系统构成的不同选择。从空间地理规模来看，不同空间规模下居民出行时耗也是交通方式选择的重要依据。

同一规模的城市影响其交通特性的关键因素是城市的土地利用形态，如单中心、密集连片紧凑布置、集约型土地利用形态的城市，人口密度大，市中心岗位高度集中，从而形成强大的向心交通流，为保证中心区的交通可达性与易达性，不得不采用集约式的运输方式，公共交通成为城市的主导交通方式。用地相对松散，没有明显市中心的城市，人口密

度小、就业岗位分散，不能形成客流走廊，私人个体交通将成为城市的主导交通方式。城市土地利用特征，也将在较大程度上决定着一个城市交通系统构成的选择。除少数经济发达、城市化与机动化同步发展的中小城市有可能采用松散型用地外，大多城市基本上采用集约型用地类型。

2. 典型城市交通政策

（1）公交优先政策

道路拥挤造成公共交通可达性和可靠性的大幅下降，为人们疏远公共交通工具的重要原因之一。公交优先发展主要包括扩大公共交通系统运输能力、提高公共交通出行效率以及保持公共交通票制票价吸引力三个方面。

扩大公共交通运输能力的关键是结合城市交通发展模式完善城市公共交通系统构成，加强公共交通基础设施建设。大城市应加强包括轨道交通和 BRT 等大中运量公共交通系统的建设，构建多层次一体化的公共交通系统。中小城市也应尽快形成公共交通干线和公共交通支线合理衔接的公共交通系统。

时间保障是公共交通服务竞争力的核心之一，应尽一切努力缩短公共交通出行时间，公共交通出行时间通常包括从家（或工作地点）出发到车站的步行时间、等候时间、车内时间、换乘时间等四类。缩短步行时间的主要方式是整合公共交通运输系统与城市空间布局，从根源上实现缩短步行时间，提高公交出行分担率的目的。另外，可通过增加公共交通支线网密度，保证公交线路可以深入街巷，在较短的步行距离内服务更多的居民出行，也可以吸引更多的客源，为此应对公交线网的密度和站点覆盖率进行控制。为了保证公交线路深入街巷，居住区支路网加密应是前提条件。减少候车时间通常要公开交通信息，比如，行车时刻表，以促使人们按照规定的时间有选择性的出行。但是在高峰时间，由于客流量大，往往要增加车辆以保证需求。减少车内时间通常要充分保证公交系统的路权，建设公交专用道和保持公交信号优先是关键，最大限度地降低小汽车交通对公共交通运行的干扰。减少换乘时间主要依靠公交线路和站点的布置须有利于减少步行时间并方便换乘，一般来说，公交车与地铁换乘距离不超过 150m，公交车之间的换乘不超过 80m 为宜，为实现该目标分级枢纽的建设应是重点关注问题。对于大城市，在轨道交通站点也应设置 P+R 设施，鼓励小汽车交通换乘公共交通出行。

公交服务对象首先是广大工薪阶层和大中小学生，同时，要尽可能吸引中高收入阶层乘用公交，要照顾低收入市民和老弱病残乘用公交。无论哪一类人群，票价“磁性”（即公交票价对乘客的吸引力）对他们都是十分重要和敏感的。公共交通作为城市必备的公共服务和公益事业，更重要的是作为解决未来城市交通问题最根本手段，公交票价（包括地铁票价）都要保持相对低廉。公交票价的制定和调整首先要考虑乘客的可承受性和可接受性，其次才适当考虑运营的投入产出。由于公共交通服务带有很强的公益性，同时可以起到有效减少个体机动交通对交通时空资源的消耗和对交通供求的调控作用，应对公共交通给予扶持和必要补贴。公交企业必须转变传统计划经济体制下的经营观念，按照市场规则，引入营销策略，大力推行多元化票制和优惠折扣，来锚固大部分长期公交客源，不懈地吸引各种潜在的公交客源。

（2）私人汽车调控政策

小汽车交通的调控手段总体说来可分为调控小汽车拥有量和限制小汽车使用，具体采用的政策手段也可分为物理方法、法规制度方法和经济方法，等等。这些控制方法，仅靠某一种方法来实现机动车消减量的目标很困难，只有几种方法并用才相对有效。如果提高了汽车的燃油税，汽车的利用量就必然会减少，但单凭这一方法又很难控制高峰时的交通流量。只采用单一的控制方法，让汽车驾驶者直接承受影响，就很难得到他们的理解。通常与公共交通优先政策相结合，并加大宣传力度，得到普通市民的理解。

小汽车交通使用控制应是城市小汽车交通发展核心调控方式，一般通过限制小汽车出行的社会经济成本来实现，包括行驶速度、行驶路权、行驶区域加以限制或提高小汽车出行经济费用以及限制停车等。

控制行驶速度早期应用在居住区宁静化措施实施的方法，逐步应用于城市内或城市之间的干道，不同区域干道均采用了差别化的行驶速度控制标准；行驶路权控制可分为空间上的路权控制和时间上的路权控制两个方面。空间上路权控制主要将部分机动车道改步行道，并增加公交、自行车的专用车道的数量，道路宽度的构成和沿途道路功能随之修改，也称为“道路空间的再分配”；行驶区域限制是在一定的地区或道路区间，禁止特定的车辆进入，分别有“车牌号限制”“许可证制”和“限制单人驾驶制”等方法。

提升小汽车出行经济成本可以通过对行驶车辆征收道路使用费，购买在规定区域内只允许在短期内使用的汽车许可证，或对所有穿过规定区域边界道路的车辆征收过境费。在拥挤地区内车辆的行车距离、行驶时间征收税金的“直接征税方式”，也就是对车辆及其造成的交通堵塞、污染等影响程度征收相应的税金；也可通过燃油税控制非必要性驾驶出行。

控制停车主要是控制机动车的集中量。为避免助长违章停车，要与有效的监管结合起来实施。主要包括强化对路边停车的监管，加重对违章车辆的罚款来控制机动车的使用，限制路边停车场容量。根据道路交通运行条件，采用不同时间、地点以及出行目的差异化停车收费标准。

（3）自行车交通政策

自行车具有使用灵活，准时可靠，连续便捷，可达性好，用户费用低廉，运行经济，

节能特性显著，环保效益好，时空资源占用相对较少等优势。在有条件发展自行车城市，必须逐步改善自行车交通利用环境，一般可采用如下措施。

针对城市交通流机非混行的特点，尤其是城市中心区几条交通干道上，要规划系统的自行车道路网络，应以提高路网资源的利用率、保障自行车应有的通行权为前提。一方面，使自行车交通形成一个独立的子系统，实现机非运行系统的空间分离，减少不同交通因子之间的相互干扰；另一方面，充分挖掘小街小巷的自行车交通的潜力，使自行车流量在路网中均衡分布，以减轻主、次干道上自行车交通的压力和满足自行车交通发展需求。

在轨道、BRT等大型换乘站点合理规划非机动车停车场，并给予政策上的支持，倡导B+R出行模式，引导居民近距离采用慢行交通方式，中长距离采用公共交通或者“自行车+公共交通”方式出行，与此同时通过大力发展公共交通来提高公交吸引力。

重视非机动车停车系统建设，在城市繁华地区、商业区及交通枢纽处规划适当的非机动车停车场。对市区繁华的主干道，应尽可能将自行车停车场设置在道路红线以外，对不得不利用人行道停放自行车时，应将停车地点选择在行人流量小、人行道宽的地点；在商业网点集中地段，可利用商业、服务业周围的胡同、里巷、建筑空地开辟停车场，适当实行有偿服务，计时收费停放自行车。

充分结合城市旅游资源，在景区设置自行车观光休闲线路，在景观走廊上规划文体游憩自行车通道，与景观步行走廊共同创造适宜的慢行交通环境。

（4）步行交通政策

步行交通是城市交通的主要组成部分。无论是作为满足人们日常生活需要的一种独立的交通方式，还是作为其他各种交通方式相互连接的桥梁，步行交通都是作为其他方式无法替代的系统而贯穿交通出行的始末。从步行者的角度来看，人们需要在城市中享有充分的自由，能够随意地漫步、休息、购物和交流，由此也需要所处的步行环境具有安全、宜人且具有连续性等特点。

安全是步行交通最基本的要求。在步行系统中行走，不希望受到其他机动、非机动交通的干扰。即使在和机动车、非机动车交通发生冲突的地点，也希望通过交通组织赋予步行交通独立的通行权以保障步行者的安全。行人流量集中地区，可将该路段设置“步行专用道”，禁止机动车通过。部分城市把市中心的道路或市政府前等地原有的广场活用为步行广场，在这样的步行空间中，多数只允许公共交通车辆通行，以此控制过往车辆，起到激活中心商业区活力的作用。

宜人是指步行交通环境在设计的过程中，应结合周边环境（包括自然山水、建筑等）一起形成具有鲜明的地方特色和艺术氛围的步行环境，使人们身处其中，能够赏心悦目、心情舒畅地完成自己的出行目的。

连续性即指步行交通系统的连续性。不管是位于城市中心区的商业步行街，还是滨江（河）的步行道、广场，乃至作为道路组成部分的人行道，都要通过一系列的人行横道、过街地道或天桥连成一个完整的系统，以使步行者能够到达城市中的任何一处。

第六章　城市绿地景观规划与设计

随着人口的急剧增多，城市化水平的不断发展，我们的生存环境受到威胁的同时人们对环境保护的意识也不断的加强。越来越多的人开始关注环境的设计，人们越来越认识到城市绿地合理规划的重要性，合理的城市绿地规划不仅代表了城市的形象，更是关乎民生的大事。

第一节　综合性公园规划设计

一、功能分区规划

依照各区功能上的特殊要求，根据公园面积大小、周围环境情况、公园的性质、活动内容、设施安排等进行功能分区规划。

综合性文化公园的功能一般有文化娱乐区、体育活动区、儿童活动区、游览区（安静休息区）、公园管理区等。

（一）科学普及文化娱乐区的功能规划

该区的功能是向广大人民群众开展科学及文化教育，使广大游人在游乐中受到文化科学、生产技能等教育。具有活动场所多、活动形式多、人流多等特点，可以说是全园的中心。主要设施有展览馆、画廊、文艺宫、阅览室、剧场、舞场、青少年活动室、动物角等。该区应设在靠近主要出入口处，地形较为平坦。

在地形平坦、面积较大的地方，可采用规划式进行布局，要求方向明确，有利于游人集散。在地形起伏平地面积较小的地方，可采用自然式进行布局，用园路进行联系，与风景园林相对应。为了保持公园的风景特色，建筑物不宜过于集中，尽量利用绿化环境开展各种文艺活动。

（二）体育活动区功能规划

该区主要功能是供广大青少年开展各项体育活动。具有游人多、集散时间短、对其他各项干扰大等特点。布局上要尽量靠近城市主要干道，或专门设置出入口，因地制宜地设立各种活动场地。在凹地水面设立游泳池，在高处设立看台、更衣室等辅助设施；开阔水面上可开展划船活动，但码头要设在集散方便之处，并便于停船。游泳的水面要和划船的水面严格分开，以免互相干扰。

天然或人工溜冰场要按年龄或溜冰技术进行分类设置。

另外，结合林间空地，开设简易活动场地，以便进行武术、羽毛球等活动。

（三）儿童活动区功能规划

为促进儿童身心健康而设立的专门活动区。具有占地面积小（一般为5%左右）、各种设施复杂的特点。其中设施要符合儿童心理，造型设计应色彩明快、尺度小。如儿童游戏场有秋千、滑梯、滚筒、游船、跷跷板和电动设施等；儿童体育场有涉水、汀步、攀梯、吊绳、圆筒、障碍跑、爬山等；科学园地有农田、蔬菜园、果园、花卉等；少年之家有阅览室、游戏室、展览厅等。

以城市人口的3%，每人活动面积为50m^{2}来规划该区。该区多布置在公园出入口附近或景色开朗处。在出入口常设有塑像，布置规划和分区道路便于识别。按不同年龄划分活动区。可用绿篱、栏杆、假山、水溪隔离，防止人流互串干扰活动。

（四）游览休息区功能规划

该区主要功能是供人们游览、休息、赏景、陈列，或开展轻微体育活动。具有占地面积大（大于5%）、游人密度小（100m^2/人）等特点。应广布全园，特别是设在距出入口较远之处，或在地形起伏、临水观景、视野开阔之处，或在树多、绿化、美化之处。应与体育活动区、儿童活动区、闹市区分隔。

其中适当设立阅览室、茶室、画廊、凳椅等，但要求艺术性高。特别是在林间可设立简易运动场所，便于老人轻微活动。也可设植物专类园，创造山清水秀、鸟语花香的环境，为游者服务。

（五）公园管理区功能规划

主要功能是管理公园各项活动。具有内务活动多的特点。多布设在专用出入口内部，内外交通联系方便处，周围用绿色树木与各区分隔。

其主要设施有办公室、工作室，要方便内外各项活动。

根据公园的性质、服务对象不同还可进行特殊功能分区。如用历史名人典故来分区，有李时珍园、中山陵园、岳飞墓；以景色感受分区，有开朗景区（水面、大草坪）、雄伟

景区（树木高大挺拔、陡峭、大石阶）、幽深景区（曲折多变）；以空间组合划分景区，有园中园、水中水、岛中岛等；用季相景观分区，有春园、夏园、秋园、冬园；以造园材料分区，有假山园、岩石园、树木园等；以地形分区，有河、湖、溪、瀑、池、喷泉、山水等区。

二、公园出入口的设立

根据城市规划和公园本身功能分区的具体要求与方便游览出入、有利对外交通和对内方便管理的原则，设立公园出入口。公园出入口有主要出入口（大门）、次要出入口或专用出入口（侧门）。主要出入口，要能供全部游人出入；次要出入口要能方便本区游人出入；专用出入口，要有利于本园管理工作运输方便。

出入口的主要设施有：大门建筑、出入口内外广场等。

大门建筑要求集中、多用途。造型风格要与公园及附近城市建筑风格相协调一致。

出入口内外广场。入口前广场要满足游人进园前集散需要，设置标牌，介绍公园与季节性特别活动。入口内广场要满足游人入园后需要，设导游图牌、立亭廊等休息设施。广场布置形式有对称式和自然式，要与公园布局和大门环境相协调一致。

公园出入口总宽度计算式为：$D=\dfrac{Q\cdot t\cdot d}{q}$　　（式 6-1）

式中，D：出入口总宽度（m）；

Q：公园容量（人）；

t：最高进园人数/最高在园人数（转换系数为 0.5~1.5）；

d：单股游人进入宽度（m）；

q：单股游人高峰小时通过量（人）。

三、园路的分布与设计

（一）园路的功能与类型

园路联系着不同的分区、建筑、活动设施、景点，具有组织交通、引导游览、便于游客识别方向的功能。同时也是公园景观、骨架、脉络、景点纽带、构景的要素。园路类型有主干道、次干道、专用道、散步道等。

1. 主干道

全园主道，通往公园各大区、主要活动建筑设施、风景点，要求方便游人集散，通畅、蜿蜒、起伏、曲折，并组织大区景观。路宽 4~6m，纵坡在 8%以下，横坡为 1%~4%。

2. 次干道

是公园各区内的主道，引导游人到各景点、专类园，自成体系，组织景观。

3. 专用道

多为园务管理使用，在园内与游览路分开，应减少交叉，以免干扰游览。

4. 散步道

为游人散步使用，宽 1.2~2m。

（二）园路的布局

可根据公园绿地内容和游人容量大小来定，要求主次分明、因地制宜地和地形密切配合。如山水公园的园路要环山绕水；平地公园的园路要弯曲柔和，密度可大，但不要形成方格网状；山地公园的园路纵坡在12%以下，弯曲度大，密度应小，可形成环路，以免游人走回头路；大山园路可与等高线斜交，蜿蜒起伏；小山园路可上下回环起伏。

（三）弯道的处理

园路遇到建筑、山、水、树、陡坡等障碍，必然会产生弯道。弯道有组织景观的作用，弯曲弧度要大，外侧高，内侧低，外侧应设栏杆，以防发生事故。

（四）园路交叉口处理

两条园路交叉或从一干道分出两条小路时必然会产生交叉口。交叉口应做扩大处理，做正交方式，形成小广场，以方便行车、行人。次路应斜交，但不应交叉过多，而要主次分明，相交角度不宜太小。丁字交叉口，是视线的交点，可点缀风景。上山路与主干道交叉要自然，藏而不显，又要吸引游人入山。纪念性园林路可正交叉。

（五）园路与建筑的关系

园路通往大建筑时，为了避免路上游人干扰建筑内部活动，可在建筑面前设集散广场，使园路由广场过渡再和建筑联系；园路通往一般建筑时，可在建筑面前适当加宽路面，或形成分支，以利游人分流。园路一般不穿过建筑物，而从四周通过。

（六）园路与桥

桥是园路跨过水面的建筑形式。其风格、体量、色彩必须与公园总体设计、环境协调一致。桥的作用是联络交通、创造景观、组织导游、分隔水面、保证游人通行和水上游船

通航的安全，有利造景、观赏。但要注明承载和游人流量的最高限额。桥应设在水面较窄处，桥身应与岸垂直，创造游人视线交叉，以利观景。主干道上的桥以平桥为宜，拱度要小，桥头应设广场，以利游人集散；次路上的桥多用曲桥或拱桥，以创造桥景。汀步石步距以 60~70cm 为宜。小水面上的桥，可偏居水面一隅，贴近水面；大水面上的桥，讲究造型、风格，丰富层次，避免水面单调，桥下要方便通船。

另外，路面上雨水口及其他井盖应与路面平齐，井盖孔洞小于 20mm×20mm，路边不宜设明沟排水。可供轮椅通过的园路应用国际通用的标志。视力残疾者可使用的园路、路口及交会点、转弯处两列可设宽度不小于 0.6m 的导向块材。

四、公园中广场布局

公园中广场主要功能为游人集散、活动、演出、休息等使用。其形式有自然式、规则式两种。由于功能的不同又可分为集散广场、休息广场、生产广场。

（一）集散广场

以集中、分散人流为主。可分布在出入口前、后，大型建筑前，主干道交叉口处。

（二）休息广场

以供游人休息为主。多布局在公园的僻静之处。与道路结合，方便游人到达。与地形结合，如在山间、林间、临水，借以形成幽静的环境。与休息设施结合，如廊、架、花台、坐凳、铺装地面、草坪、树丛等，以利游人休息、赏景。

（三）生产广场

为园务的晒场、堆场等。

公园中广场排水的坡度应大于 1%。在树池四周的广场应采用透气性铺装，范围为树冠投影区。

五、公园中建筑的布局

公园中建筑形式要与其性质、功能相协调，全园的建筑风格应保持统一。管理和附属服务建筑设施在体量上应尽量小，位置要隐蔽，保证环境卫生和利于创造景观。

建筑布局要相对集中，组成群体，一屋多用，有利管理。要有聚有散，形成中心，相互呼应。建筑本身要讲究造型术，要有统一风格，不要千篇一律。个体之间又要有一定变化对比。要有民族形式、地方风格、时代特色。

公园建筑要与自然景色高度统一。“高方欲就亭台，低凹可开池沼”，以植物陪衬的色、香、味、意来衬托建筑。要色彩明快，起画龙点睛的作用，具有审美价值。

另外，公园中的管理建筑，如变电室、泵房、厕所等既要隐蔽，又要有明显的标志，以方便游人使用。公园其他工程设施，也要满足游览、赏景、管理的需要。如动物园中的动物笼舍等要尽量集中，以便管理；工程管网布置，必须有利保护景观、安全、卫生、节约等。所有管线应埋没在地下，无碍观瞻。

六、电气设施

公园中由于照明、交通、游具等能源的需要，电气设施是必不可少的。

第一，电源。

动物园、开展电动游乐活动的公园、有开放地下岩洞的公园和架空索道的风景区，应设两个电源供电。

第二，变电所。

位置应设在隐蔽之处。闸盒、接线盒、电动开关等不得露在室外。

第三，电动游乐设施。

公园照明灯及其他游人能触到的电动器械都必须安装漏电保护自动开关。

七、公园地形处理

公园地形处理以公园绿地需要为主题，充分利用原地形、景观，创造出自然和谐的景观骨架。

公园中的地形有平地、山丘、水体等。

（一）平地

为公园中平缓地段，适宜开展娱乐活动。如草坪，使游人视野开阔，适宜坐卧休息观景；林中空地，为闭锁空间，适宜夏季活动；集散广场、交通广场等处平地，适宜节日活动。平地处理应注意高处上面接山坡，低处下面接水体，联系自然，形成“冲积平原景观”，利于游人观景和群体娱乐活动。如果山地较多，可削高填低，改成平地；若平地面积较大，不可用同一级坡度延续过渡，以免雨水冲刷。坡度要稍有起伏，不得小于1%。

（二）山丘

公园内的山丘可分为主景山、配景山两种。其主要功能是供游人登高眺望，或阻挡视线、分隔空间、组织交通等。

1. 主景山

南方公园利用原有山丘改造，北方公园常由人工创造。一般高达10~30m，体量大小适中，给游人活动的余地。山体要自然稳定，其坡度超过该地土壤自然安息角时，应采取护坡工程措施。设计时应将山形优美的一面朝向游人，山体应有起伏陡缓之分，山峰应有主次之别，建筑设计应与环境完美结合。

2. 配景山

主要功能是分隔空间、组织导游、组织交通、创造景观。其大小、高低以遮挡视线为宜（1.5~20m）。配景山的造型应与环境协调统一，形成带状，蜿蜒起伏，有断有续。其上以植被覆盖，护坡可用挡土墙及小道排水。形成山林气氛。

（三）水体

公园内的水体起着蓄洪、排涝、卫生、改良气候等作用，大水面可开展划船、游泳、滑冰等水上运动，也可养鱼、种植水生植物，创造明净、爽朗、秀丽的景观，供游人观赏。

水体处理，首先要因地制宜地选好位置，“高方欲就亭台，低凹可开池沼”。其次，要有明确的来源和去脉。大水面应辽阔、开放，以利开展群众活动；小水面应迂回曲折，引人入胜，有收有放，层次丰富，增强趣味性。水体与环境配合，创造出山谷、溪流；与建筑结合，造成园中园、水中水等层次丰富的景观。

另外，水体驳岸多以常水位为依据，岸顶距离常水位位差不宜过大，应兼顾景观、安全与游人近水心理。从功能需要出发，定竖向起伏。如划船码头应平直；游览观赏宜曲折蜿蜒、临水；还应设防止水流冲刷驳岸的工程措施。水深据原地形和功能要求而定。无栏杆的人工水池、河湖近岸的水深应在0.5~1m，汀步附近的水深应在0.3~0.6m，以保证安全和到达当地最高水位时，其公园各种设施不受水淹。水池的进水口、排水口、溢水口及附近河湖间闸门的标高应能保证适宜的水面高度，应利于洪水排泄和清塘。

八、给排水设计

（一）给水

根据灌溉、湖池水体大小、游人饮用水量、卫生和消防的实际需要确定。给水水源、管网布置、水量、水压应做配套工程设计。给水以节约用水为原则，设计人工水池、喷泉、瀑布。喷泉应采用循环水，并防止水池渗漏。给水灌溉设计应与种植设计配合，分段控制。浇水龙头和喷嘴在不使用时应与地面相平。饮水站的饮用水和天然游泳池的水质必须保证清洁，符合国家规定的卫生标准。中国北方冬季室外灌溉设备、水池，必须考虑防冻措施。木结构的古建筑和古树的附近应设置专用消防栓。

（二）排水

污水应接入城市活水系统，不得在地表排泄或排入湖中。雨水排泄应有明确的引导去向，地表排水应有防止径流冲刷的措施。

九、公园植物设计

公园的绿化种植设计，是公园总体规划的组成部分。它指导局部种植设计，协调各期工程，使育苗和种植施工有计划地进行，创造最佳植物景观。

（一）公园绿化树种选择

由于公园面积大，立地条件及生态环境复杂，活动项目多，选故择绿化树种应以乡土树种为主、以外地珍贵的经驯化后生长稳定的树种为辅。充分利用原有树和苗木，以大苗为主，适当密植。选择具有观赏价值，又有较强抗逆性、病虫害少的树种，易于管理。

为了保证园林植物有适应的生态环境，在低洼积水地段应选用耐水湿的植物，或选用相应排水措施后可生长的植物。在陡坡上应有固土和防冲刷措施。土层下有大面积漏水或不透水层时，要分别采取保水或排水措施。不宜植物生长的土壤，必须经过改良，客土栽植，必须经机械碾压、人工沉降。

植物的配置，必须适应植物生长的生态习性，有利树冠和根系的发展，保证高度适宜和适应近远期景观的要求。

（二）公园绿化种植布置

根据当地自然地理条件、城市特点、市民爱好、生态环境，依照生态学原则进行乔、灌、草木合理布局，创造优美的景观。既要做到充分绿化、遮阴、防风，又要满足游人日光浴的需要。

首先，用2~3种树，形成统一的基调。北方常绿30%~50%，落叶50%~70%，南方常绿70%~90%。在树木搭配方面，混交林可占70%，单纯林可占30%。在出入口、建筑四周、儿童活动区、园中园的绿化应富于变化。

其次，在娱乐区、儿童活动区，为创造热烈的气氛，可选用红、橙、黄暖色调植物花卉；在休息区或纪念区，为了保证自然、肃穆的气氛，可选用绿、紫、蓝等冷色调植物花

卉。公园近景环境绿化可选用强烈对比色，以求醒目；远景的绿化可选用简洁的色彩，以求概括。

在公园游览休息区，选择花期不同的园林植物以形成季相景观。春季观花；夏季形成浓荫；秋季有果实累累和红叶；冬季有绿色丛林。

（三）公园设施环境及分区的绿化

在统一规划的基础上，根据不同的自然条件，结合不同的自然分区，将公园出入口、园路、广场、建筑小品等设施环境与绿色植物合理配置形成景点，才能充分发挥其功能作用。

大门，为公园主要出入口，大都面向城镇主干道，绿化时应注意丰富街景，并与大门建筑相协调，同时还要突出公园的特色。如果大门是规则式建筑，应该用对称式布置绿化；如果是不对称式建筑，则要用不对称方式来布置绿化。大门前的停车场，四周可用乔、灌木绿化，以便夏季遮阳及隔离周围环境；在大门内部可用花池、花坛、灌木与雕像或导游图相配合，也可铺设草坪，种植花灌木。

园路，主要干道绿化可选用高大、荫郁的乔木和耐阴的花卉植物在两旁布置花境，要根据地形、建筑、风景的需要而起伏、蜿蜒。次路，伸入公园的各个角落，其绿化更要丰富多彩，达到步移景异的目的。山水园的园路多依山面水，绿化应点缀风景而不碍视线。平地处的园路可用乔灌木树丛、绿篱、绿带来分隔空间，使园路高低起伏，时隐时现。山地则要根据其地形起伏、环路，绿化有疏、有密；在有风景可观的山路外侧，宜种矮小的花灌木及花草，才不影响景观；在无景可观的道路两旁，可密植、丛植乔灌木，使山路隐在丛林之中，形成林间小道。园路交叉口是游人视线的焦点，可用花灌木点缀。

广场绿化，既不能影响交通，又要形成景观。如休息广场，四周可植乔木、灌木，中间布置草坪、花坛，形成宁静的气氛；停车铺装广场，应留有树穴，种植落叶大乔木以利于季相变化，夏季树荫可降低车辆温度，冬季落叶可使阳光直射，防冻。

十、专类公园规划设计

（一）植物园规划设计

1. 植物园的性质与任务

植物园是植物科学研究机构，也是以采集、鉴定、引种驯化、栽培实验为中心、可供人们游览的公园。其主要任务如下。

①发掘野生植物资源，引进国内外重要的经济植物，调查收集稀有珍贵和濒危植物种

类，以丰富栽培植物的种类或品种，为科学研究和生产实践服务。

②研究植物的生长发育规律、植物引种后的适应性状和经济性状及遗传变异规律，总结和提高植物引种驯化的理论和方法。

③建立具有园林外貌和科学内容的各种展览和试验区，作为科研、科普的园地。

2. 规划原则

总的原则是在城市总体规划和绿地系统规划指导下，体现科研科普教育、生产的功能；因地制宜地布置植物和建筑，使全园具有科学的内容和园林艺术外貌。具体要求：

①明确建园目的、性质、任务。

②功能分区及用地平衡：展览区用地最大，可占全园总面积的40%~60%，苗圃及实验区占25%~35%，其他占25%~35%。

③展览区：是对游人开放使用的，用地应选择地形富于变化，交通联系方便，游人易到达为宜。

④苗圃是科研、生产场所，一般不向游人开放，应与展览区隔离。

⑤建筑：展览建筑、科研用建筑、服务性建筑等。

⑥道路系统与公园道路布局相同。

⑦排灌工程：为了保证园内植物生长健壮，在规划时就应做好排灌工程，保证旱可浇、涝可排。

3. 植物园功能分区

①植物科普展览区：在该区主要展示植物界的客观自然规律，人类利用植物和改造植物的最新知识。可根据当地实际情况，因地制宜地布置。

②科研试验区：该区是科学研究或科研与生产相结合的试验区。一般不向游人开放，仅供专业人员参观学习。

③职工生活区：植物园一般都在城市郊区，须在园内设有隔离的生活区。

4. 植物科普展览

主要在展览区展示植物界的客观自然规律，人类利用植物和改造植物的最新知识。一般根据当地的实际情况，设置植物进化系统展览区，如经济区、抗性区、水生区、岩石区、树木区、专类园区、温室区等。植物进化系统展览区应按植物进化系统分目、分科，要结合植物生态习性要求和园林艺术效果进行布置。给游人普及植物进化系统的概念和植物分类、科属特征。而在经济植物区，展示经过栽培试验确属有用的经济植物。在抗性植物区，展示对大气污染物质有较强抗性和吸收能力的植物。水生植物区，展示水生、湿生、沼泽生等不同特点的植物。岩石区，布置色彩丰富的岩石植物和高山植物。树木区，

展示本地或外地引进露地生长良好的乔灌树种。专类区，集中展示一些具有一定特色、栽培历史悠久的品种变种。温室区，展示在本地区不能露地越冬的优良观赏植物。

根据各地区的具体条件，创造特殊地方风格的植物区系。如庐山有高山植物园岩石园；广东植物园地处亚热带气候区，设了棕榈区等。

5. 建筑设施

植物园的建筑依功能不同，可分为展览、科学研究、服务等几种类型。

展览性的建筑，如展览温室、植物博物馆、荫棚、宣传廊等，可布在出入口附近、主干道的轴线上。

科研用房，如图书馆、资料室、标本室、试验室、工作间、气象站、繁殖温室、荫棚、工具房等。应与苗圃、试验地靠近。

服务性建筑，有办公室、招待所、接待室、茶室、小卖部、休息亭、花架、厕所、停车场等。其他地形处理、排灌设施、道路处理同综合性公园。

（二）动物园规划设计

1. 动物园的性质与任务

动物园是集中饲养、展览和研究野生动物及少量优良品种的家禽、家畜，可供人们游览休息的公园。主要任务如下。

①普及动物科学知识，宣传动物与人的利害关系及经济价值等。

②作为中小学生的动物知识直观教材、大专院校实习基地。

③在科研方面，研究野生动物的驯化和繁殖、病理和治疗法、习性与饲养。

④进一步揭示动物变异进化规律，创造新品种。

⑤在生产方面，繁殖珍贵动物，使动物为人类服务。

2. 规划原则、要求

总原则是在城市总体规划，特别是绿地系统规划的指导下，以动物进化论为原则，既方便游人参观游览，又方便管理。具体要求如下。

①有明确功能分区，相互不干扰，又有联系，以方便游客参观和工作人员管理。

②动物笼舍和服务建筑应与出入口、广场、导游线相协调，形成串联、并联、放射、混合等形式，以方便游人全面或重点参观。

③游览路线，一般逆时针右转。主要道路和专用道路要求能通行汽车以便管理使用。

④主体建筑设在主要出入口的开阔地上或全园主要轴线上或全园制高点上。

⑤外围应设围墙、隔离沟和林地，设置方便的出入口、专用出入口，以防动物出园伤

害人畜。

3. 动物园功能分区

(1) 宣传教育、科学研究区

是科普、科研活动中心，由动物科普馆组成，设在出入口附近，方便交通。

(2) 动物展览区

由各种动物的笼舍组成，占地面积最大。

(3) 服务休息区

为游人设置的休息亭廊、接待室、饭馆、小卖部、服务点等，便于游人使用。

(4) 经营管理区

行政办公室、饲料站、兽疗所、检疫站应设在隐蔽处，用绿化与展区、科普区相隔离，但又要方便联系。

(5) 职工生活区

为了避免干扰和卫生，一般设在园外。

4. 动物展览区

包括由低等动物到高等动物，即无脊椎动物、鱼类、两栖到爬行、鸟类、哺乳类。还应和动物的生态习性、地理分布、游人爱好、地方珍贵动物、建筑艺术等相结合统一规划。哺乳类可占用地的1/2~3/5，鸟类可占1/5~1/4，其他占1/5~1/4。

因地制宜地安排笼舍，以利动物饲养和展览，以形成数个动物笼舍相结合的既有联系又有绿化隔离的动物展览区。

另外，也可按动物地理分布安排，如欧洲、亚洲、非洲、美洲、大洋洲等，而且还可创造不同特色的景区，给游人以动物分布的概念。

还可按动物生活环境安排，如水生、高山、疏林、草原、沙漠、冰山等，有利动物生长和园容布置。

5. 设施内容

动物笼舍建筑为了满足动物生态习性、饲养管理和参观的需要，大致由以下三部分组成：

(1) 动物活动区

包括室内外活动场地、串笼及繁殖室。室内要求卫生，通风排气。其空间的大小，要满足动物生态习性和运动的需要。

(2) 游人参观部分

包括进厅、参观厅廊、道路等。其空间比例大小和设备主要是为了保证游人的安全。

（3）管理设备部分

包括管理室、贮藏室、饲料间、燃料堆放场、设备间、锅炉间、厕所、杂院等。其大小构造根据管理人员的需要而定。

科普教育设施有演讲厅、图书馆、展览馆、画廊等。

6. 绿化设计

动物园绿化首先要维护动物生活，结合动物生态习性和生活环境，创造自然的生态模式。另外，要为游人创造良好的休息条件，创造动物、建筑、自然环境相协调的景致，形成山林、河湖、鸟语花香的美好景象。其绿化也应适当结合动物饲料的需要，结合生产，节省开支。

在园的外围应设置宽 30m 的防风、防尘、杀菌林带。在陈列区，特别是圈舍旁，应表现动物原产地的景观，但又不能阻挡游人的视线，且有利游人夏季遮阳的需要。在休息游览区，可结合干道、广场，种植林荫道、花坛、花架。大面积的生产区，可结合生产种植果木、生产饲料。如北京动物园。

第二节　居住区及单位附属绿地景观规划设计

一、居住区绿地的分类设计

（一）居住区绿地的规划设计原则

1. 系统性

居住区绿地的规划设计必须将绿地的构成元素，结合周围建筑的功能特点、居民的行为心理需求和当地的文化艺术因素等综合考虑，形成一个具有整体性的系统，为居民创造幽静、优美的生活环境。

整体系统首先要从居住区规划的总体要求出发，反映自己的特色，然后要处理好绿化空间与建筑物的关系，使二者相辅相成、融为一体。绿化形成系统的重要手法就是“点、线、面”相结合，保持绿化空间的连续性，让居民随时随地生活、活动在绿化环境之中。

2. 可达性

居住区公共绿地，无论集中设置或分散设置，都必须选址于居民经常经过并能顺利到达的地方。

为了增强对居民的吸引，便于他们随时自由地使用中心绿地，中心绿地周围不宜设置围墙。有些小区把中心绿地围起来，只留几个出入口，居民必须绕道进入，使得一部分居民不愿进去，这无疑降低了小区绿地的使用率。

3. 亲和性

居住区绿地，尤其是小区小游园，受居住区用地的限制，一般规模不可能太大，因此，必须掌握好绿化和各项公共设施的尺度，以取得平易近人的感观效果。

当绿地有一面或几面开敞时，要在开敞面用绿化等设施加以围合，使游人免受外界视线和噪声的干扰。当绿地被建筑包围产生封闭感时，则宜采用“小中见大”的手法，造成一种软质空间，“模糊”绿地与建筑的边界，同时防止在这样的绿地内放入体量过大的建筑物或尺度不适宜的小品。

4. 实用性

在我国传统住宅中，天井、院落、庭院都是无顶的共享空间，供人休息、交往，亦可作集会、宴宾之用，室内外功能浑然一体，总体上灵活多变，颇具亦此亦彼的中介性。绿地规划应区分游戏、晨练、休息与交往的区域，或做类似的提示，充分作用绿化，而不是仅以绿化为目的。

此外，居住区绿地的植物配置，也必须从实际使用和经济功能出发，名贵树种尽量少用，以结合当地气候特点的乡土树种为主。按照功能需要，座椅、庭院灯、垃圾箱、休息亭等小品也应妥善设置，不宜滥建昂贵的观赏性的建筑物或构筑物。

（二）居住区公共绿地的规划设计

1. 居住区公共绿地的形式

从总体布局来说，居住区公共绿地按造园形式一般可分为规则式、自然式、混合式等。

（1）规则式也称整形式、对称式

这种形式的绿地，通常采用几何图形布置方式，有明显的轴线，从整个平面布局、立体造型到建筑、广场、道路、水面、花草树木的种植上都要求严整对称。在主要干道的交叉处和观赏视线的集中处，常设立喷水池、雕塑，或摆放盆花、盆树等。绿地中的花卉布置也多以立体花坛、模纹花坛的形式出现。

规则式绿地具有庄重、整齐的效果，但在面积不大的绿地内采用这种形式，往往使景观一览无余，缺乏活泼、自然感。

（2）自然式又称风景式，不规则式

自然式绿地以模仿自然为主，不要求严整对称。其特点是道路的分布、草坪、花木、山石、流水等都采用自然的形式布置，尽量适应自然规律，浓缩自然的美景于有限的空间之中。在树木、花草的配置方面，常与自然地形、人工山丘、自然水面融为一体。水体多以池沼的形式出现，驳岸以自然山石堆砌或呈自然倾斜坡度。路旁的树木布局也随其道路自然起伏蜿蜒。

自然式绿地景观自由、活泼，富有诗情画意，易创造出别致的景观环境，给人以幽静的感受。居住区公共绿地普遍采用这种形式，在有限的面积中，能取得理想的景观效果。

（3）混合式

混合式绿地是规则式与自然式相结合的产物，它根据地形和位置的特点，灵活布局，既能和周围建筑相协调，又能兼顾绿地的空间艺术效果，在整体布局上，产生一种韵律和节奏感，是居住区绿地较好的一种布局手法。

按绿地对居民的使用功能分类，其布置形式又可分为开放式、半开放式与封闭式三种。

（4）开放式

也称为开敞式，多采用自然式布置。这类绿地一般地面铺装、设施较好。开放式绿地可供居民入其内游憩、观赏，游人可自由与之亲近。居住区中这类绿地通常受到居民的欢迎，也被居住区所普遍采用。

（5）半开放式

也可称为半封闭式。绿地周围有游园步道，居民可进入其中。绿地中设有花坛、封闭树丛等，多采用规则式布置。

（6）封闭式

一般这种形式的绿地，居民不能入内活动，好处是便于管理，缺点是游人的活动面积少，对居民而言缺乏应有的亲和力和可进入性，使用效果差，居住区公共绿地设计中应避免这种形式的绿地出现。

2. 居住区公共绿地的设计方法

居住区公共绿地是城市绿化空间的延续，又最接近于居民的生活环境。在功能上与城市公园不尽相同，因此，在规划设计上也有与城市公园不同的特点。

居住区公共绿地主要是要适于居民的休息、交往、娱乐等，有利于居民心理、生理的健康。在规划设计中，要注意统一规划，合理组织，采取集中与分散、重点与一般相结合的原则，形成以中心公园为核心、道路绿化为网络、宅旁绿化为基础的融点、线、面为一体的绿地系统。

（1）居住区公园

居住区公园是居住区绿地中规模最大、服务范围最广的中心绿地，为整个居民区居民提供交往、游憩的绿化空间。其面积不宜少于 1.0hm²，服务半径不宜超 800~1000m，即控制居民的步行时距在 8~15 分钟。

居住区公园规划设计，应以“四个满足”为重要设计依据，即满足功能要求——根据居民各种活动的要求布置休息、文化、娱乐、体育锻炼、儿童游戏及人际交往等各种活动的场地与设施；满足游览需要——公园空间的构建与园路规划应结合组景，园路既是交通的需要，又是游览观赏的线路；满足风景审美的要求——以景取胜，注意意境的创造，充分利用地形、水体、植物及人工建筑物塑造景观，组成具有魅力的景色；满足美化环境的需要，多种植树木、花卉、草地，改善居住区的自然环境和小气候。

居住区公园设计要求有明确的功能划分，其主要功能分区有休息漫步游览区、游乐区、运动健身区、儿童游乐区、服务网点与管理区几大部分。

（2）小游园

小游园是小区内的中心绿地，供小区内居民使用。小游园用地规模根据其功能要求来确定，用集中与分散相结合的方式，使小游园面积占小区全部绿地面积的一半左右为宜。小游园的服务半径为 300~500m，居民步行 5~8 分钟即可到达。小游园的服务对象以老年人和青少年为主，为他们提供休息、观赏、游玩、交往及文娱活动的场所。

小游园的规划设计，应与小区总体规划密切配合，综合考虑，全面安排，并使小游园能妥善地与周围城市园林绿地衔接，尤其要注意小游园与道路绿化的衔接。小游园的规划设计要符合功能需求，尽量利用和保留原有的自然地形和原有植物。在布局上，小游园宜作一定的功能划分，根据游人不同年龄的特征，划分活动场地和确定活动内容，场地之间要分隔，布局既要紧凑又要避免相互干扰。

小游园中儿童游戏场地的位置一般设在入口处或稍靠近边缘的独立地段上，便于儿童前往与家长照看。青少年活动场地宜在小游园的深处或靠近边缘独立设置，避免对住户造成干扰。成人、老人休息活动场地，可单独设置，也可靠近儿童游戏场地，亦可利用小广场或扩大的园路，在高大的树荫多设些座椅、坐凳，便于他们聊天、看报。

在位置选择上，小游园应尽可能方便附近居民的使用，并注意充分利用原有的绿化基础，尽量使小区公共活动中心结合起来布置，形成一个完整的居民生活中心。

在规模较小的小区中，小游园常设在小区一侧沿街布置。这种布置形式是将绿化空间从小区引向“外向”空间，与城市街道绿化相似，其优点是：既能为小区居民服务，也可向城市市民开放，利用率较高；由于其位置沿街，不仅为居民游憩所用，还能美化城市、

丰富街道的景观；沿街布置绿地，亦可分隔居住建筑与城市道路，阻滞尘埃，降低噪声，防风，调节温度、湿度等，有利于居住区小气候的改善。

另一种布置形式是将小游园布置在小区中心，使其成为“内向”绿化空间。其优点是：小游园小区各个方向的服务距离均匀，便于居民使用；小游园居于小区中心，在建筑群环抱之中，形成的空间环境比较安静，较少受到外界人流、交通的影响，能增强居民的领域感和安全感；小游园的绿化空间与四周的建筑群产生明显的“虚”与“实”、“软”与“硬”的对比，使小区空间有疏有密，层次丰富而富有变化。新乡市曙光居住小区，小游园布置在小区的几何中心，结合高层、低层住宅设集中的面积较大的小区中心绿地，居民进出住宅区均经过这片开阔的，高、多、低层住宅相结合的空间环境，取得良好的视觉景观效果。

（3）组团绿地

组团绿地是结合居住建筑组团的不同结合而形成的又一级公共绿地，随着组团的布置方式和布局手法的变化，其大小、位置和形状也相应变化。组团绿地通常面积大于 0.04hm^2，服务半径为 100m 左右，居民步行 3~4 分钟即可到达。组团绿地规划形式与内容丰富多样，主要为本组团居民集体使用，为其提供户外活动、邻里交往、儿童游戏、老人聚集的良好条件。组团绿地距居民住宅较近，便于使用，居民茶余饭后即可来此活动，因此，游人量较小区小游园更大，游人中大约有半数为老人、儿童或是携带儿童的家长。

组团绿地的位置可以归纳为以下七种类型。

①边式住宅中间：这种组团绿地有封闭感。由于是将楼与楼之间的庭院绿地集中组成，有利于居民从窗内看管在绿地上玩耍的儿童。

②行列式住宅山墙之间：行列式布置的住宅空间单调，缺少变化。适当增加山墙之间的距离开辟为绿地，可打破行列式布置山墙间形式的狭长的胡同感，并为居民提供一块阳光充足的半公共空间。

③扩大住宅建筑的间距之间：在行列式布置的住宅之间，适当扩大间距至原来的 1.5~2 倍，即可在扩大的间距中开辟组团绿地。

④住宅组团的一角：组团内利用不规则的场地、不宜建造住宅的空地布置组团绿地。

⑤两个组团之间：当组团内用地有限时，为争取较大的绿地面积，可采用这种方法，它有利于布置活动场地与设施。

⑥临街组团绿地：这类绿地可以打破建筑线连续过长的感觉，可构成街景，还可以使过往群众有歇脚之地。

⑦沿河带状分布：当住宅区滨河而建时，绿地可结合自然水体，互为因借，形成滨河优美动人的景观。

组团绿地的位置选择不同，其使用效果也有区别，对住宅组团的环境效果影响也不尽相同。从组团绿地本身的效果来看，位于山墙间的和临街沿河的组团绿地使用和景观效果较好。

住宅组团绿地可布置幼儿游戏场地和老龄人休息场地，设置小沙地、游戏器械、座椅及凉亭等，在组团绿地中仍应以花草树木为主，使组团绿地适应居住区绿地功能需求。

（三）宅旁绿地的规划设计

宅旁庭院绿地是居民在居住区中最常使用的休息场地，在居住区中分布最广，对居住环境质量影响最为明显。通常宅旁绿地在居住（小）区总用地中占35%左右的面积，比小区公共绿地多2~3倍，一般人均绿地可达4~6m^2。

宅旁绿地包括宅前、宅后、住宅之间及建筑本身的绿化用地。其设计应紧密结合住宅的类型及平面特点、建筑组合形式、宅前道路等因素进行布置，创造宜人的宅旁庭院绿地景观，区分公共与私人空间领域。

1. 宅旁绿地的类型

根据我国的国情，宅旁庭院绿地一般以花园型、庭院型为好。但也应考虑结合庭院绿化，为居民尽可能提供种植果树蔬菜的条件，设棚架、栏杆、围墙时考虑居民种植的需要，统一规划设计，使家庭园艺活动有利于居住区环境质量的提高，同时，也可适当满足居民业余园艺爱好的需要而设计一些绿化类型。

2. 宅旁绿地的特点

（1）多功能性

宅旁绿地与居民各种日常生活息息相关。居民在这里进行邻里交往，晾晒衣物，开展各种家务活动，老人、青少年以及婴幼儿在这里休息、游戏。这里是居民出入住宅的必经之路，可创造适宜居住的生活气息，促进人际关系的改善。

宅旁绿地结合居民家务活动，合理组织晾晒、存车等必要的设施，有利于提高居住环境的实用与美观的价值。

宅旁绿地又是改善生态环境，为居民提供清新空气和优美、舒适居住条件的重要因素，能起到防风、防晒、降尘、减噪、调节温度与湿度、改善居住区小气候等作用。

（2）不同的领有性

领有性是宅旁绿地的占有与被使用的特性，领有性的强弱取决于使用者的占有程度和使用时间长短。

不同的领有形态，居民所具有的领有意识也不尽相同。离家门越近的绿地，领有意识

越强，反之越弱。要使绿地管理得好，在设计上要加强领有意识，使居民明确行为规范，建立正常的生活秩序。

(3) 制约性

宅旁绿地的面积、形体、空间性质受地形、住宅间距、住宅组群形式等因素的制约。当住宅以行列式布局时，绿地为线形空间；当住宅为周边式布置时，绿地为围合空间；当住宅为散点式布置时，绿地为松散空间；当住宅为自由式布置时，绿地为舒展空间；当住宅为混合式布置时，绿地则为多样化空间。

3. 宅旁绿地的设计原则

宅旁绿地的设计，除结合居民的日常生活行为特征外，还要注意以下原则：

①要以绿化为主。以绿化保持居住环境的宁静，种植绿篱分隔庭院空间，绿篱的高度与宽度视功能要求而定，在由于周围建筑物密集而造成的阴影区，要选择和种植耐阴植物。

②美观、舒适。宅旁绿地设计要注意庭院的空间尺度，选择合适的树种，其形态、大小、高度、色彩、季相变化与庭院的规模、建筑的高度相称，使绿化与建筑互相衬托，形成完整的绿化空间。

③体现住宅标准化与环境多样化的统一。依据不同的建筑布局做出宅旁庭院的绿地设计，植物的配置满足居民的爱好与景观变化的要求，同时应尽力创造特色，使居民产生认同感及归属感。

二、单位附属绿地规划设计

单位附属绿地是指在某一部门或单位内，由该部门或单位投资、建设、管理、使用的。绿地单位附属绿地一般包括工矿企业、机关、学校、医院、商业、休疗养院等单位的专用绿地。这类绿地是城市园林绿地系统的重要组成部分，在城市中分布广泛，占地比重大，是城市普遍绿化的基础。搞好单位的园林绿化，不仅可以为本单位员工创造一个清新优美的学习、工作和生活的环境，体现单位的面貌和形象，而且改善了城市生态环境。单位附属绿地的规划设计应该根据本单位的特点，因地制宜地布局，避免千篇一律。单位园林建设要体现地域特色、时代特色、行业特色和单位性质，根据本单位的特点做出有现代感的设计。

（一）公共事业单位附属绿地设计

1. 学校绿地设计

学校绿地是学校物质文明和精神文明建设的一个重要方面，必须在深层次上反映学校的精神与文化内涵。学校绿地应与全校的总体规划同时进行，统一规划，全面设计。另外，学校绿地应根据学校的规模、性质、类型、地理位置、经济条件、自然条件等因素，因地制宜地进行规划设计，精心施工，才能显出各自特色并取得美化效果。

学校校园内一般分为行政办公区、教学科研区、生活区、体育运动区等，由于每个分区的功能不同，因此，对绿地的要求也不同，绿地形式要根据分区特点相应地有所变化。

（1）学校入口及行政办公区绿地

学校入口区是学校的门户和标志，因此是校园绿化的重点，又分为大门外和大门内两个部分。大门外的绿化要与街景协调，一般呈对称或均衡布局，规划条件允许时可以布置草坪和装饰性绿地（如有的学校在大门两侧做装饰性色块），但绿地不能阻碍师生和车辆通行。大门内的绿化应结合校园总体规划进行。很多学校的传统规划是“进门一条路，两边行道树”，这样的行道树应选择高大荫郁的树种，以利师生夏季遮阴；如果与大门连通的不是笔直的干道，而是小广场，则绿地必须与铺装广场的创意相协调。广场上可布置草坪、花灌木、常绿小乔木、花坛、水池和能代表学校特征的雕塑，植物种植除考虑一些功能性因素外，还要注意美观、活泼、大气，一般不可过密，以免遮挡主体建筑物（教学主楼或行政办公楼等），也不利于学生的交往和开朗空间的形成。

学校行政办公区绿地一般应略显庄重，构图上要简洁、大方，常配置常绿树种作为主调树种，也可适量配置一些落叶乔木、常绿花灌木、草坪、花坛等。有些学校由于绿地空间不足而在此区域的硬质地面上布置大量盆花，有些学校在此区域布置大量的桃树、李树，寓意“桃李满天下”，都是不错的选择。

（2）教学科研区绿地

教学科研区的建筑一般有教学楼、实验楼、图书馆等，主体建筑不同，绿地形式亦不相同。这些绿地应为师生提供一个课后休息的安静、优美的环境，一般呈自然式布局，以缓解师生工作、学习的紧张气氛，多注重鸟瞰效果，因此，绿地布局时要注意其平面图案构成和线形设计。此区的植物品种宜丰富，叶色宜多变，能对建筑起到美化、烘托的作用。

场地允许时，建筑前可布置小型广场，广场上可适当布置花坛、喷泉、代表性雕塑等，但不能影响师生通行。

（3）生活区绿地

该区绿地沿建筑、道路分布，比较零碎、分散，但仍可通过合理布局，形成多样统一的整体。绿地形式宜活泼、自由，树种应多样，并通过乔、灌、草的复层搭配形成立体绿化的格局。每一个组团绿地风格应一致，植物组景可单一，但整个生活区绿地总体上宜丰富多彩，要求季相变化明显，四季有花可赏。林间空地上可布置桌、凳、凉亭等，供学生

休息、读书、交流，有条件时还可规划小广场，其上布置若干健身器材和小球运动设施，但不宜规划篮球场等大球运动场地，小广场周边还可布置花架、花台、与环境协调的主题雕塑等景点。生活区绿地中还可散置景石掩映在花草丛中，增添自然气息。

（4）体育运动区绿地

体育运动区的内容包括大型体育场馆和风雨操场、游泳馆、各类球场及器械运动场地等，它的分布应离教学区和宿舍区有一定的距离。绿地，除足球场外，应沿道路两侧和场馆周边呈条带状分布，在运动场周边最宜种植较宽的常绿与落叶乔木混交林带，以免影响教室和宿舍同学的休息，既可夏季遮阴，还能隔离视线。有的学校在两块运动场地相邻处孤植大树遮阴，在不影响正常体育活动的情况下也是可行的。在运动场的西北面可设置常绿树墙，以阻挡冬季寒风袭击，在设置单双杠器械的体操活动区，可设计疏林以利夏季遮阴；在树种选择上应注意选择季节变化显著的树种，如榉树、五角枫、乌桕等，使体育场随季节变化而色彩斑斓，应少种灌木，以留出较多的空地供学生活动。

（5）休息游览区绿地

在很多大学校园和一些中小学里，都规划了休息游览区绿地。该区绿地一般呈团片状分布，每一个团片也称为一个小游园，供学生休息、自学、交往，既丰富了校园景点，又能陶冶学生情操，是校园美化的集中表现。因此，很多学校都把建设此区绿地作为学校上档次、上台阶的一个重要契机。

该区的规划要根据不同学校特点，充分利用自然山丘、水塘、湖泊、林地等自然条件，合理布局，创造特色，并力求经济、美观。该区的布置应以植物造景为主，富有诗情画意，要与周围的建筑环境协调一致。如有的学校内建有梅园，取其不畏严寒、坚韧不拔之意，鼓励师生克服困难，不断进步；有的种植翠竹，形成“竹园”，取其虚心好学、高风亮节的寓意。如果靠近大型建筑物而面积小，地形变化不大，可规划为规则式；如果面积较大，地形起伏多变，而且有自然树林、水塘或临近河湖边，可规划为自然式。规则式小游园可以全面铺设草坪，栽植色彩鲜艳、生长健壮的花灌木或孤植树，适当设置座椅、花棚架，还可以设计水池、喷泉、花坛、花台等。布局要符合规则式要求，如草坪和花坛的轮廓形态要有统一性，单株种植的树木可以进行规则式造型，修剪成各种几何形态，园内小品多为规则式的造型，园路平直，即使有弯曲也是左右对称的，等等；自然式的小游园常用乔灌木丛进行空间分隔组合，并适当配置草坪，多为疏林草地或林边草坪等。可利用自然地形挖池堆山，如地势较平坦，也可人工营造小地形。有自然河流、湖海等水面的则可加以艺术改造，创造自然山水特色的园景，园中可设置各种花架、花镜、石椅、石凳、花台、景石等，但其形态要与自然式的环境相协调。

2. 医疗机构附属绿地设计

医院、疗养院等医疗机构绿地也是城市园林绿地系统的重要组成部分，是城市普遍绿化的基础。医院绿化的目的是多方面的，它不仅可以改善医院的小气候条件，为病人和医务人员创造良好的户外环境，而且在医疗卫生保健方面具有一定的积极意义，医院绿化还可以起到卫生防护隔离作用。因此，如何充分利用植物的各种功能，特别是一些树木的杀菌、杀虫、驱虫等功能，并结合医院的总体布局和建筑特点合理布置绿地，是医院绿化的重点。

（1）医疗机构的绿地组成

医疗机构包括综合性医院和各种专科医院，休、疗养院等，由于它们的功能不同，在绿地组成上也有差别，下面以综合性医院为例来介绍医疗机构绿地的组成。综合性医院是由多个使用要求不同的部分组成的，它的平面可分为医务区和总务区两大部分，医务区又分为门诊部、住院部、辅助医疗部等几部分。

①门诊部绿地。门诊部是接纳各种病人，对病情进行诊断，确定门诊治疗或住院治疗的地方，同时也是进行疾病防治和卫生保健工作的地方。门诊部的位置既要便于患者就诊，又要保证诊断、治疗所需要的卫生和安静的条件，因此，门诊部一般面临街道设置或靠近医院大门，但门诊部建筑要退后于道路红线10~25m的距离，以便有足够的空间供人流集散和绿化布置。门诊部绿地一般较分散，在医院大门两侧、围墙内外、建筑周围呈条带状分布。

②住院部绿地。住院部是医院的主要组成部分，一般有单独的出入口，其位置在总体布局上一般位于医院的中部。住院部以保证患者能安静休息为基础，尽可能避免外来干扰和刺激，以创造安静、卫生和适用的治疗和疗养环境，因而住院部绿地空间相对较大，呈团块状和条带状分布于住院楼前及周围。住院部与门诊部及其他建筑围合，形成较大的内部庭院，此区也是医院绿地的重点。

③其他部分绿地。

A. 医院的辅助医疗部门。主要由手术室、药房、X光室、理疗室和化验室等组成，如单独设置在一幢楼内，则周围要有茂盛的树木隔离，注意不得栽植有绒毛和花絮的植物，并保证通风和采光。

B. 医院的行政管理部门。主要是对全院的业务、行政与后勤进行管理，在一些大型医院中常单独设立在一幢楼内，周围应有绿化衬托，绿化风格应简洁、高雅，视线应通透。

C. 医院的总务部门。属于供应和服务性质的部门，包括食堂、锅炉房、洗衣房、制药间、药库、车库等，周围也应有花草树木掩映。

D. 医院的病理解剖室和太平间等。一般单独设置，与街道和其他部分保持较远距离，并用绿化隔离带隔离。

（2）医疗机构分区绿地设计

根据医疗机构各组成部分功能要求的不同，其绿地布局亦有不同的形式。现分述各区绿地规划要求。

①门诊区。门诊区靠近医院主要出入口，一般与城市街道相邻，是城市街道与医院的结合部，所以，为了防止来自街道和周围的烟尘和噪声污染，有条件的医院可在医院外围密植 10m 多宽的乔灌木防护林带。

门诊部一般人流较集中，所以，在大门内外、门诊楼前要留出一定的交通缓冲地带和集散广场，这部分绿地不仅起到卫生防护隔离作用，还有衬托、美化门诊楼和市容街景的作用，体现医院的精神风貌和管理水平。因此，应根据医院条件和场地大小，因地制宜地进行绿化设计。

A. 入口广场的绿化：综合性医院入口广场一般较大，在不影响人流、车辆交通的条件下，广场可设置装饰性的花坛和草坪，有条件的还可设置水池、喷泉和主题雕塑等，形成开朗、明快的格调。当喷泉开启时，空气湿度增加，负离子形成，有利于人们的身体健康。

B. 广场周围的布置：广场周边可以设置整形绿篱、草坪和花灌木等，组成一个清洁整齐的绿地区，但是花木的色彩对比不宜强烈，应以常绿素雅为宜。医院的临街围墙以通透式为主，使医院内外绿地交相辉映，围墙与大门形式须协调一致，色彩宜淡雅。

C. 门诊楼周围绿化：门诊楼周围的基础绿带，应与建筑风格协调一致，美化衬托建筑形象。可植草坪、绿篱和低矮的常绿灌木，一般不宜种植色彩艳丽的花卉和花灌木。乔木应在距离建筑物 5m 以外栽植，以免影响室内通风与采光。门诊楼后常因建筑物遮挡，造成光照不足，要注意耐阴植物的选择搭配在门诊楼与其他建筑之间应保持 20m 以上的距离，此间栽植乔灌木，以起到绿化、美化和卫生隔离效果。

②住院区。住院区是医院绿化的重点地段。该区常位于门诊楼后、医院中部比较安静的地段，如果此区地势相对较平坦，视野较开阔，四周又有景可赏就更好了。住院部周围空地可设计小广场或小游园，但小广场上不宜采用过多的铺装。广场内以花坛、水池、喷泉等作中心景观，周边务必要设计座椅、桌凳、亭廊、花架等休息设施供病人室外活动时休息。小游园设计应以自然式为主，游园中的道路应尽量平缓，采用无障碍设计，方便病人使用。也可在局部设计园林雕塑、小品和景石，但这些点景类设施应显得自然、典雅，富有生活情趣，一般色彩不宜太浓重，造型不宜太夸张，切免刺激病人。

住院区在植物配置上要注意以下三点。

A. 要有明显的季节性。在很多大型医院，特别是一些休、疗养院里，长期住院的病人较多，植物的季节变换会让这类病人感受到自然界的变化，使之在精神上比较兴奋，从而提高药物疗效。

B. 植物景观应丰富多彩，乔、灌、草合理搭配，平时要注意养护管理。林下植被不宜太多，以免长势不良、滋生病虫害。草坪植物要合理灌溉，如果灌溉过多，湿度过大会滋生细菌。同时植物配置要考虑到病人在室外活动时夏季遮阴、冬季晒太阳的需要，即常绿与落叶树要有一个合适的比例，常绿树太多，医院环境会显得比较阴森，对病人的心理会产生不利的影响，而且会造成通风不良、滋生细菌。

C. 多选用一些杀菌力强的树种，以发挥绿地的功能作用。一些树种具有较强的杀灭真菌、细菌和原生动物的能力，这些树种主要有侧柏、圆柏、铅笔柏、雪松、杉松、油松、华山松、白皮松、红松、湿地松、火炬松、马尾松、黄山松、黑松、柳杉、黄栌、盐肤木、锦熟黄杨、尖叶冬青、大叶黄杨、桂香柳、核桃、月桂、七叶树、合欢、刺槐、国槐、紫薇、广玉兰、木槿、苦楝、桉树、茉莉、女贞、丁香、悬铃木、石榴、枣树、枇杷、石楠、麻叶绣球、枸橘、银白杨、钻天杨、垂柳、栾树、臭椿及蔷薇科的一些植物。

这些植物的合理配置，能形成稳定的保健型人工植物群落，从而达到增强人体健康、辅助治疗的目的。

③其他区域绿化设计。其他区域包括辅助医疗的药库、制剂室、解剖室、太平间和后勤部门的食堂、浴室、洗衣房及宿舍区等，该区域往往位于医院后部单独设置，绿化要强调隔离作用，特别是太平间、解剖室应单独设置出入口，并处于病人视野之外，周围用常绿乔灌木密植隔离。手术室、化验室、放射科周围不能植有绒毛飞絮植物，且要保证通风、采光。

后勤部门的食堂、浴室及宿舍区要和住院区有一定距离，可用植物相对隔离，为医务人员创造一定的休息、活动环境。

（3）不同性质医院绿化的特殊要求

①儿童医院绿化。儿童医院主要收治 14 岁以下的儿童患者，其绿地除具有综合性医院的功能外，还要考虑儿童的一些特点。要安排儿童活动场地和儿童活动的设施，这些设施的外形、色彩和尺度都要符合儿童的心理与需要，富有童心和童趣，在绿地中也可适当点缀一些童趣盎然的园林小品，在场地铺装上要采用一些色彩丰富的、轻松、活泼的装饰图案，减少病儿对医院和疾病的心理压力。

在植物选择和配置上，要注意以下三个问题：其一，绿篱高度不超过 80cm，以免阻挡儿童视线；其二，注意植物的色彩效果，多选用一些色叶植物；其三，避免选择对儿童有伤害的植物。

②传染病医院绿化。传染病医院主要收治各种急性传染病的患者，因此，其园林绿地设计有一些特殊的地方：其一，应突出绿地的防护隔离作用，在医院的四周和局部要做较宽的防护隔离带。防护隔离带要比一般医院宽，最好在30m以上，以乔木为主，乔灌木结合，且要密实。其二，常绿树种相对落叶树种来说比例要大一些，这样冬季也具有防护作用。其三，不同病区之间也要相互隔离，避免交叉感染，同时利用绿地把不同病人组织到不同空间中去休息、活动。有条件的传染病医院一般较大，不同病区之间有一定的距离，其间用密实的林带隔离，较小的传染病医院的不同病区之间可用绿篱隔离。

③精神病医院绿化。精神病医院主要接收有精神病的患者，它的绿化也有特殊的地方：由于艳丽的色彩容易使病人精神兴奋，神经中枢失控，不利于治病和康复，因此，精神病医院绿地设计应突出宁静的气氛，营造素雅的景观，色彩上以白、绿色调为主，植物选择上多种植乔木和常绿树，少种花灌木，可选种如白丁香、白碧桃、白月季、白牡丹等白色花灌木。在病房区周围面积较大的绿地中，可布置休息庭园，让病人在此感受阳光、空气和自然气息。

3. 其他公共事业单位附属绿地设计

其他公共事业单位是指党政机关、行政事业单位、各种团体及部队等，这部分绿地也是城市园林绿地系统中的重要组成部分。搞好公共事业单位的环境绿地设计，不仅可以为该单位的工作人员及其家属创造良好的户外活动环境，同时也能提升单位的形象和知名度，提高城市绿化覆盖率。

公共事业单位的环境绿地建设，首先应体现本单位的特色和时代特色，根据因地制宜的原则进行合理布局。其次要注意以生态造景为主，满足多功能要求，应主要营造自然绿色植物生态景观，以自然审美价值为主、人工艺术文化为辅，在满足停车空间和休闲活动空间的前提下，避免盲目追求所谓“高档次”的硬质景观。最后要注意的是在编制绿地规划时，应考虑到实施的可操作性和易管理性，不要一味引进栽培各种高档名贵植物以及进行大量的装饰性和时尚性造景，而应从实际出发，大量运用乡土植物来营造和谐的自然生态景观。

公共事业单位环境绿地主要包括大门入口处绿地、办公楼前绿地（主要建筑物前）、附属建筑旁绿地、庭院休息绿地（小游园）、道路绿地等。

（1）大门环境绿地设计

大门入口处是单位形象的缩影，其环境绿地是单位的重点景观之一，因此，一般单位都非常重视此区域的规划和建设。大门环境绿地设计应全面考虑景观色彩效果和形态的视觉效果，在满足交通组织和安全管理功能的同时，取得最佳的景观视觉效果。

一般机关事业单位的主要大门，往往面临城市主干道或街道，其绿地的形式、色彩和风格，既要创造本单位的特色，又要与街道景观和大门建筑统一协调。大门内外，一般都留有较大的广场空间，以满足人流集散和车辆出入停留的需要。外广场通常可设置花坛、路标等，广场外缘可设花台、花境，多配置花灌木，有条件的单位可四季更替种植草本花卉，形成大色块的效果，给人以强烈的视觉冲击感。门内广场多与单位内部的主干道相连，其间可布置花坛、水池、喷泉、雕塑、花境、草坪、树坛或小型游憩绿地等，布局形式多采用规则式，以显得整体美观、庄重大方。

停车场是大门环境常有的设施，为了减少硬地铺装面积而又满足功能要求，可设置植草砖停车场，同时在外围种植高大乔木，以利夏日遮阴，并能增加单位绿化覆盖面积。

临街绿地还要考虑卫生防护功能，必要时可设置卫生隔离绿带，以阻滞灰尘，减低街道噪声对单位内部的影响。

（2）办公环境绿地设计

办公区是公共事业单位的一个重要区域，是单位对外交流与服务的一个重要窗口。因此，办公环境绿地景观如何，直接关系到各公共事业单位在社会上的形象。

办公区的主体建筑一般为办公楼或综合楼等，其环境绿地规划设计要与主体建筑艺术相一致。若主体建筑为对称式，则其环境绿地也宜采用规则对称式布局。一般来说，办公区绿地多采用此种布局形式，以营造整洁而有理性的空间环境，有利于培养严谨的工作作风和科学态度。植物种植设计除衬托主体建筑、丰富环境景观和发挥生态功能以外，还应注意艺术造景效果，多设置盛花花坛、模纹花坛、花台、观赏草坪、花境、树木造型景观等。在空间组织上多采用开朗空间，创造具有丰富景观内容和层次的大空间，给人以明朗、舒畅的景观感受。

办公区的花坛一般设计成规则的几何形状，其面积根据主体建筑的体量大小和形式以及周围环境空间的具体尺度而定。花坛植物主要采用花灌木和一二年生草本花卉，在节日期间，要选用色彩鲜艳丰富的草花来创造欢快、热烈的气氛。花卉植物的总体色彩既要协调，也要有一定对比效果。花坛一般为封闭式，仅供观赏，花坛内也可栽植造型植物，如常绿灌木球或桩景树、吉祥动物造型等。

办公楼前如空间较大，也可设置喷泉水池、雕塑或草坪广场等景观，水池、草坪宜为规则几何形状，一般不宜堆叠假山。办公楼周围基础绿带的设计应简洁明快，可以用绿篱围边，草坪铺底，中间栽植常绿球形灌木和花灌木。为保证室内通风、采光，高大乔木可栽植在距建筑物 5m 之外，为防日晒，也可于建筑两山墙处结合行道树栽植高大乔木。

（二）工矿企业绿地规划设计

工矿企业的园林绿地是城市绿地的重要组成部分，在做企业的总体规划时应该预留充

分的用地作为园林绿化用地，建设花园式工厂应是工厂环境建设追求的目标。工矿企业中建筑林立，烟囱密集，一些工厂污染严重，生态条件恶劣，这势必会给城镇生态环境造成很大的破坏，因此，工矿企业的绿化至关重要。工矿企业绿化除具有一般绿化所具有的作用和功能外，还具有一些特殊的功能，如树立企业形象、改善职工的工作环境、吸收有害气体、减弱噪声等。因此，加强工厂绿地建设，不仅可以改善工厂环境，为城镇的生态环境建设做贡献，而且在一定程度上能够提高企业的劳动生产率和市场竞争力。

1. 工矿企业绿地的特点与设计概述

工矿企业绿化和其他地方相比有一定的特殊性，这个特殊性主要是由工矿企业的性质、类型和生产工艺的特殊性决定的。认识工矿企业绿地环境条件的特殊性，有助于正确选择绿化植物，合理进行规划设计，满足绿化功能和服务对象的需要。

（1）环境恶劣，对植物生长不利

工矿企业在生产过程中常常排放或逸出各种有害于人体健康和植物生长的气体、粉尘、烟尘和其他物质，使空气、水、土壤受到不同程度的污染，加之工程建设和生产过程中材料的堆放和废物的排放使土壤的结构、肥力和化学性能都变得较差，这样的状况在目前的生产条件和管理条件下还不可能完全杜绝。因而工厂绿地的气候、土壤等环境条件对植物的生长发育是不利的，在有些污染大的厂矿企业甚至是恶劣的，这也就增加了绿化的难度。因此，根据不同类型、不同性质的工矿企业，慎重选择那些适应性强、抗性强、能耐恶劣环境的花草树木，并采取措施加强管理和保护，是工矿企业绿化成败的关键，否则就会出现所栽植的植物因不适应恶劣环境而死亡、事倍功半的效果。

（2）用地紧张，绿化用地面积少

工矿企业内建筑密度大，道路、管线及各种设施纵横交错，特别是中小型工矿企业，往往能作为绿化的用地很少。因此，工矿企业要提高绿化覆盖率和绿地率，必须灵活运用绿化布置手法，见缝插绿，甚至找缝插绿，以争取绿化用地。而且绿地设计要特别注重其生态效益，以植物造景为主，分层绿化，林下植被要丰富，还可以充分利用攀缘植物进行垂直绿化或者营建屋顶花园，以增加绿地面积。

（3）绿化要保证安全生产

工矿企业的中心任务是发展生产，为社会提供质优量多的产品，因此，工矿企业的绿化要有利于生产正常运行，要有利于产品质量的提高。企业内地上、地下管线密布；建筑物、构筑物、铁道、道路交叉如织，厂内外运输繁忙，有些精密仪器厂、仪表厂、电子厂的设备和产品对环境质量有较高的要求。因此，工矿企业绿化首先要处理好与建筑物、构筑物、铁道、道路的关系，满足设备和产品对环境的特殊要求，在绿地设计中不能因绿化而任意延长生产流程和交通运输线，影响生产的合理性。

例如，干道两旁的绿地要服从于交通功能的需要，服从管线使用与检修的要求；一些兼作交通、堆放、操作的地方绿化时尽量用大乔木，用最小绿地占地获得最大绿化覆盖率，以充分利用林下空间；车间周围的绿化必须注意绿化与建筑朝向、门窗位置、风向等的关系，充分保证车间对通风和采光的要求；在无法避开的管线处，设计时必须考虑各类植物距各种管线的最小净间距；等等。只有从生产的工艺流程出发，根据环境的特点，确定适合的绿化方式、方法，合理地进行规划，才能使绿化满足使用功能要求。

（4）绿化要满足服务对象的要求

工矿企业绿化的服务对象就是本企业员工及其家属，因此在条件许可时，可以从丰富职工的业余文化生活出发，绿地设计中考虑到“绿化、美化、彩化”的要求，适当设置一些景点、景区、建筑小品和休息设施，围绕有利于创造优美的厂区环境来进行。如利用厂内山丘水塘，置水榭、建花架、植花木，形成小游园，自然生动；或设水池、喷泉，种荷花，点缀雕塑，相映成趣。这样的设计不仅在企业内的职工生活区可采用，在一些企业的入口处、生产区和仓库区也可采用，充分发挥绿化在美化环境、消除职工身心疲劳、提高职工工作积极性等方面的作用。

2. 工矿企业绿化树种的选择和规划

（1）工矿企业绿化树种选择的原则和要求

①适地适树，选择抗污能力强的植物。适地适树是绿化树种选择的普遍原则之一，但在工业环境下，这个普遍原则具有特殊的含义。所谓适地适树，就是根据绿化地段的环境条件选择园林植物，使环境适合植物生长，也使植物能适应栽植地环境。

②满足生产工艺流程对环境的要求。一些精密仪器类企业，对环境的要求较高，保证产品质量，要求车间周围空气洁净、尘埃少，要选择滞尘能力强的树种，如榆、刺楸等，不能栽植杨、柳、悬铃木等有飘毛飞絮的树种。

对有防火要求的厂区、车间、场地要选择油脂少、枝叶水分多、燃烧时不会产生火焰的防火树种，如珊瑚树、银杏等，不能选择松柏类含油脂高的树种。

③兼顾不同类型的植物，并确定合理的比例关系。工矿企业要形成很好的园林绿地环境，植物配置上必须按照生态学的原理设计复层混交人工植物群落，确定企业绿化的主调树种和基调树种。主调树种和基调树种是企业绿化的支柱，对保护环境、美化企业、反映企业的面貌作用显著。首先，要求抗性和使用性强，适合工厂多数地区的栽植，必须在调查研究和观察试验的基础上慎重选择；其次，要做到乔、灌、草搭配，耐阴与喜光植物结合，绿树与落叶树结合，速生与慢长树木结合，并确定合理的比例关系。如常绿树与落叶

树相比，各有优缺点，常绿树可以保证四季的景观并起到良好的防风作用，但落叶树种吸收有害气体的能力、抗烟尘及吸滞尘埃的能力远比常绿树种强，所以，二者之间的比例最好在1∶1左右，充分发挥二者的功能；速生树种和慢长树种之间的比例，要视工厂的性质、规模、资金情况、自然条件以及原有植物情况来确定，参考比例为乔木中快长树占75%，慢长树为25%；等等。

（2）工厂绿化常用树种

工矿企业绿化应该有针对性地选择一些对某种气体和烟尘抗性强或较强的树种，而不应选择一些对某种气体反应敏感的树种。下面是一些树种对各种有害气体和烟尘的抵抗情况，在选择树种时应特别注意。

①抗二氧化硫气体和对二氧化硫敏感的树种。

A. 抗性强的树种有大叶黄杨、九里香、夹竹桃、槐树、相思树、棕榈、合欢、青冈栎、山茶、柽柳、构树、瓜子黄杨、银杏、枸骨、十大功劳、蟹橙、刺槐、枳橙、重阳木、枸杞、蚊母、北美鹅掌楸、金橘、雀舌黄杨、侧柏、女贞、紫穗槐、榕树、凤尾兰、皂荚、白蜡、小叶女贞、梧桐、无花果、海桐、广玉兰、枇杷等。

B. 抗性较强的树种有华山松、杜松、侧柏、冬青、飞蛾槭、楝树、黄檀、丝棉木、红背桂、椰子、菠萝、高山榕、扁桃、含笑、八角盘、粗榧、板栗、地兜帽、金银木、柿树、三尖杉、银桦、枫香、木麻黄、白皮松、罗汉松、石榴、珊瑚树、青桐、白榆、腊梅、木槿、芒果、蒲桃、石栗、细叶榕、枫杨、杜仲、丁香、无患子、梓树、紫荆、垂柳、杉木、蓝桉、加拿大杨、小叶朴、云杉、龙柏、月桂、柳杉、臭椿、榔榆、榉树、丝兰、枣、米兰、沙枣、苏铁、红茴香、细叶油茶、花柏、卫矛、玉兰、泡桐、香梓、黄葛榕、胡颓子、大平花、乌柏、旱柳、木菠萝、赤松、桧柏、栀子花、桑树、朴树、毛白杨、桃树、榛树、印度榕、厚皮香、凹叶厚朴、七叶树、八仙花、连翘、紫藤、紫薇、杏树等。

C. 反应敏感的树种有苹果、梅、樱花、落叶松、马尾松、悬铃木、梨、玫瑰、贴梗海棠、白桦、云南松、雪松、羽毛槭、月季、油梨、毛樱桃、湿地松、油松、郁李等。反应敏感的树种不宜在排放二氧化硫气体较多的工矿企业（钢铁厂、大量燃煤的电厂等）栽植。

②抗氯气和对氯气敏感的树种。

A. 抗性强的树种有龙柏、苦楝、槐树、九里香、木槿、凤尾兰、侧柏、白蜡、黄杨、小叶女贞、臭椿、棕榈、大叶黄杨、杜仲、白榆、皂荚、榕树、构树、海桐、厚皮香、蚊母、沙枣、柽柳、枸骨、紫藤、山茶、柳树、椿树、合欢、丝兰、无花果、女贞、枸杞、丝棉木、广玉兰、樱桃、夹竹桃等。

B. 抗性较强的树种有桧柏、旱柳、梧桐、铅笔柏、丁香、紫穗槐、栀子花、卫矛、

小叶榕、榉树、江南红豆树、水杉、朴树、人心果、梓树、银桦、枳橙、红茶油茶、罗汉松、君迁子、太平花、山桃、桂香柳、紫薇、珊瑚树、重阳木、毛白杨、乌柏、油桐、接骨木、木麻黄、泡桐、细叶榕、天目木兰、板栗、米兰、扁桃、云杉、枇杷、银杏、桂花、月桂、天竺桂、蓝桉、刺槐、枣、紫荆、樟、鹅掌楸、黄葛榕、石楠、假槟榔、悬铃木、地兜帽、蒲桃、蒲葵、凹叶厚朴、杧果、柳杉、瓜子黄杨、石榴等。

C. 反应敏感的树种有池杉、樟子松、赤杨、木棉、枫杨紫椴、薄壳山核桃等。反应敏感的树种不宜在排放大量氯气的工矿企业里栽植。

③抗氟化氢气体和对氟化氢敏感的树种。

A. 抗性强的树种有大叶黄杨、侧柏、栌木、桑树、细叶香桂、构树、沙枣、山茶、柽柳、金银花、青冈栎、厚皮香、石榴、红茴香、龙柏、白榆、蚊母、槐树、天目琼花、丝棉木、红花油茶、花石榴、棕榈、瓜子黄杨、木麻黄、海桐、皂荚、银杏、香椿、杜仲、朴树、夹竹桃、凤尾兰、黄杨等。

B. 抗性较强的树种有桧柏、臭椿、白蜡、凤尾兰、丁香、榆树、滇朴、梧桐、山楂、青冈栎、楠木、银桦、地锦、枣树、榕树、丝兰、含笑、垂柳、拐枣、泡桐、油茶、珊瑚树、杜松、飞蛾槭、樱花、女贞、刺槐、云杉、小叶朴、木槿、枳橙、紫茉莉、乌柏、月季、胡颓子、垂枝榕、蓝桉、柿树、樟树、柳杉、太平花、紫薇、桂花、旱柳、小叶女贞、鹅掌楸、无花果、白皮松、棕榈、凹叶厚朴、白玉兰、合欢、广玉兰、梓树、楝树等。

C. 反应敏感的树种有葡萄、慈竹、榆叶梅、南洋楹、紫荆、山桃、白千层、金丝桃、梅花、梓树、杏等。反应敏感的树种不宜在排放大量氟化氢气体的工厂（铝电解厂、磷肥厂、炼钢厂、砖瓦厂等）里栽植。

④抗乙烯或对乙烯敏感的树种。

A. 抗性强的树种有夹竹桃、棕榈、悬铃木、凤尾兰等。

B. 抗性较强的树种有黑松、柳树、重阳木、白蜡、女贞、枫树、罗汉松、红叶李、榆树、香樟、乌柏等。

C. 反应敏感的树种有月季、大叶黄杨、刺槐、合欢、玉兰、十姐妹、苦楝、臭椿等。反应敏感的树种不宜在排放大量乙烯气体的工厂里栽植。

⑤抗氨气和对氨气敏感的树种。

A. 抗性强的树种有女贞、石楠、紫薇、银杏、皂荚、柳杉、无花果、樟树、石榴、玉兰、丝棉木、朴树、广玉兰、杉木、紫荆、木槿、蜡梅等。

B. 反应敏感的树种有紫藤、枫杨、悬铃木、刺槐、芙蓉、楝树、珊瑚树、杨树、薄壳山核桃、杜仲、小叶女贞等。反应敏感的树种不宜在排放大量氨气的工厂里栽植。

⑥抗二氧化氮的树种。

这类树种有龙柏、黑松、夹竹桃、大叶黄杨、棕榈、女贞、樟树、构树、广玉兰、臭椿、无花果、桑树、楝树、合欢、枫杨、刺槐、丝棉木、乌桕、石榴、酸枣、旱柳、糙叶树、垂柳、蚊母、泡桐等。

⑦抗臭氧的树种。

这类树种有枇杷、连翘、海州常山、黑松、银杏、悬铃木、八仙花、冬青、樟树、柳杉、枫杨、美国鹅掌楸、夹竹桃、青冈栎、刺槐等。

⑧抗烟尘的树种。

这类树种有香榧、榉树、三角枫、朴树、珊瑚树、樟树、麻栎、悬铃木、重阳木、槐树、广玉兰、女贞、蜡梅、五角枫、苦楝、银杏、枸骨、青冈栎、大绣球、皂荚、构树、榆树、大叶黄杨、冬青、粗榧、青桐、桑树、紫薇、木槿、栀子花、桃叶珊瑚、黄杨、樱花、泡桐、刺槐、厚皮香、石楠、苦槠、黄金树、乌桕、臭椿、刺楸、桂花、楠木、夹竹桃等。

⑨滞尘能力较强的树种。

这类树种有臭椿、白杨、黄杨、石楠、银杏、麻栎、海桐珊瑚、朴树、白榆、凤凰木、广玉兰、榉树、刺槐、榕树、冬青、枸骨、皂荚、樟树、厚皮香、楝树、悬铃木、女贞、槐树、柳树、青冈栎、夹竹桃等。

参考文献

[1] 马旭东，刘慧，尹永新．国土空间规划与利用研究［M］．长春：吉林科学技术出版社，2022.

[2] 吴志强．国土空间规划原理［M］．上海：同济大学出版社，2022.

[3] 黄经南，李刚翊．国土空间规划技术操作指南［M］．武汉：武汉大学出版社，2022.

[4] 李明．国土空间规划设计与管理研究［M］．沈阳：辽宁人民出版社，2022.

[5] 刘大海，李彦平．国土空间规划陆海统筹理论与实践［M］．北京：科学出版社，2022.

[6] 侯丽，于泓，夏南凯．国土空间详细规划探索［M］．上海：同济大学出版社，2022.

[7] 黄焕春，贾琦，朱柏葳．国土空间规划 GIS 技术应用教程［M］．南京：东南大学出版社，2021.

[8] 赵映慧，齐艳红，姜博．国土空间规划导论试行版［M］．北京：气象出版社，2021.

[9] 陈芳，赵挺雄．小城镇规划设计［M］．秦皇岛：燕山大学出版社，2021.

[10] 樊森．国土空间规划研究［M］．西安：陕西科学技术出版社，2020.

[11] 何冬华．国土空间规划［M］．北京：中国建筑工业出版社，2020.

[12] 魏凌，张杨．国土空间规划探讨与应用［M］．北京：中国大地出版社，2020.

[13] 曾维华，王慧慧，贾紫牧．生态文明视角下城市国土空间规划技术方法体系创新［M］．北京：科学出版社，2020.

[14] 彭震伟．空间规划改革背景下的小城镇规划［M］．上海：同济大学出版社，2020.

[15] 李洪兴，石水莲，崔伟．区域国土空间规划与统筹利用研究［M］．沈阳：辽宁人民出版社，2019.

[16] 吴次芳．国土空间规划［M］．北京：地质出版社，2019.

[17] 王磊．国土空间规划［M］．合肥：合肥工业大学出版社，2019.

[18] 童新华，韦燕飞．国土空间规划学［M］．长春：吉林大学出版社，2019.

[19] 李效顺. 新时代国土空间规划理论与实践 [M]. 徐州：中国矿业大学出版社，2019.

[20] 刘谯，张菲. 城市景观设计 [M]. 2 版. 上海：上海人民美术出版社，2023.

[21] 王建国. 城市设计 [M]. 南京：东南大学出版社，2023.

[22] 马新，王晓晓. 城市道路景观设计 [M]. 重庆：重庆大学出版社，2022.

[23] 陶花明，王志，顾岩. 城市规划与建筑设计研究 [M]. 长春：吉林科学技术出版社，2022.

[24] 袁胜强. 城市快速路规划设计理论与实践 [M]. 上海：同济大学出版社，2022.

[25] 贾崴. 现代城市规划理论与设计研究 [M]. 长春：吉林大学出版社，2022.

[26] 马潇潇. 城市滨水绿道景观设计 [M]. 南京：江苏凤凰科学技术出版社，2022.

[27] 段进，易鑫. 以人为本的城市设计 [M]. 南京：东南大学出版社，2021.

[28] 王燕，彭钢. 城市设计理论及创作方法研究 [M]. 长春：吉林出版集团股份有限公司，2021.

[29] 王春红. 城市园林规划与设计研究 [M]. 天津：天津科学技术出版社，2021.

[30] 蒋雅君，郭春. 城市地下空间规划与设计 [M]. 成都：西南交通大学出版社，2021.

[31] 夏威夷. 城市公共艺术设计概论 [M]. 北京：中央民族大学出版社，2021.

[32] 于晓，谭国栋，崔海珍. 城市规划与园林景观设计 [M]. 长春：吉林人民出版社，2021.

[33] 徐正良，程樱. 城市轻轨交通系统工程设计 [M]. 上海：同济大学出版社，2021.